H. KUFFERATH

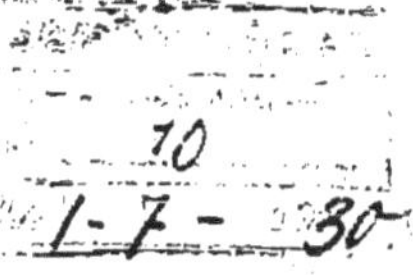

LA CULTURE
DES ALGUES

═══ PUBLICATIONS DE ═══
LA REVUE ALGOLOGIQUE
PARIS   1930

H. KUFFERATH

LA CULTURE DES ALGUES

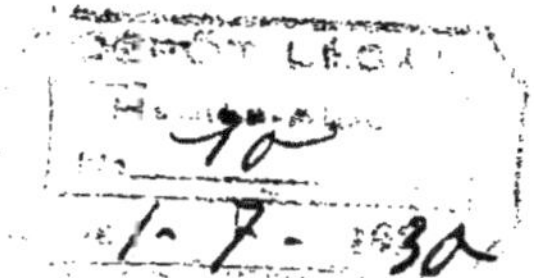

═ PUBLICATIONS DE ═
LA REVUE ALGOLOGIQUE
PARIS   1930

La Culture des Algues

PAR H. KUFFERATH

INTRODUCTION

La question de la culture des algues et spécialement de la culture
pure des algues, sans être récente, puisqu'elle date de 1890 (BEIJERINCK,
MIQUEL) (1), a fait l'objet de publications très éparpillées. Diverses
écoles, chacune suivant son chef de file, ont produit des travaux intéressants. Mais ces travaux sont disséminés dans des publications
scientifiques parfois difficiles à se procurer. Il n'y a guère d'étude
générale sur le sujet, à part celle de PRINGSHEIM (1926) en langue al-
lemande mais où cet auteur ne rend compte que des travaux faits à
Prague.

Il y a une vingtaine d'années nous avons commencé à étudier
les Algues en culture pure. Nous étions alors à l'Institut Pasteur de
Bruxelles. Notre maître, le professeur JEAN MASSART nous encouragea
vivement à faire l'étude physiologique des algues pures. Nous étions
dans des conditions exceptionnelles pour faire ce genre de recherches.
Il faut en effet, pour étudier toutes les cultures algologiques, être
rompu aux travaux de bactériologie. La discipline microbiologique
que nous avons pu acquérir tant à l'Institut Pasteur de Bruxelles qu'à
celui de Paris nous fut d'un secours inestimable lorsque nous abor-
dâmes nos études botaniques.

La culture pure des algues ne peut être conseillée à des débutants,
qu'ils soient botanistes ou même microbiologistes. En effet ce n'est
que par une pratique de plusieurs années non seulement de culture
des bactéries proprement dites, mais des levures et champignons que
l'on aura acquis l'expérience voulue pour aborder l'isolement des

---

(1) Voir la bibliographie. Pour éviter des longueurs nous donnons à côté du nom
des auteurs la date de publication de leurs divers travaux. Si plusieurs travaux ont
été publiés la même année, ils sont distingués par les lettres *a*, *b* et *c*. Quand c'est
nécessaire nous indiquons dans le texte la pagination pour citation intéressante.

algues. En fait, ceux qui réussirent les premiers, les cultures pures d'algues furent des bactériologistes éminents : Miquel (1890), Beijerinck (1890). Déjà Chodat et Grintzesco (1900 a, b) précisent les difficultés de la méthode des cultures pures d'algues. Ils donnent les indications pour la pratique des triages, afin d'éviter que les expérimentateurs ne se rebutent devant les insuccès qui ne leur manqueront pas.

Non seulement il faut une habileté professionnelle complète, mais il faut aussi beaucoup de temps et de patience. Les chercheurs voulant étudier la culture pure des algues étaient dépourvus d'indications générales suffisamment précises pour les guider. La documentation spéciale est en effet très disséminée, peu accessible et il n'est pas étonnant que cette étude n'ait pas pris l'extension qu'elle mérite. Nous avons voulu combler cette lacune. Il n'existe d'ailleurs pas en français de travaux d'ensemble de ce genre. C'est ce qui nous encourage à dire ce que nous considérons de ce sujet. S'il y a des lacunes dans notre exposé, on voudra les excuser. Le sujet est encore neuf et il mérite l'attention des travailleurs de laboratoires (1).

En elle-même, la culture d'algues présente un sujet de recherches attachant. Nous savons déjà qu'elle est difficile et l'on peut compter sur les doigts les savants qui ont réussi des cultures absolument pures, c'est-à-dire débarrassées d'autres algues, de bactéries ou de moisissures. Mais si le problème est en lui-même digne d'intérêt et d'efforts, il a pourtant des portées plus lointaines. Au point de vue purement botanique, on n'ignore pas que nos connaissances sur le cycle de développement des algues est parfois très rudimentaire. En effet, la plupart des travaux algologiques reposent sur l'étude d'échantillons pris dans la nature .(quand ce n'est pas d'après des préparations d'herbiers !) et cultivés dans des conditions plus ou moins parfaites au laboratoire. Dans les mélanges d'algues, de bactéries, d'animaux variés, le botaniste s'efforce de suivre le cycle vital d'une algue. Il suffit de remonter quelque peu dans l'histoire de l'algologie pour trouver les choses les plus effarantes. Par exemple, relisez l'historique de travaux anciens et modernes faits par Chodat (1909) dans son livre de combat sur le polymorphisme des Algues. Vous serez édifié. L'é-

---

(1) Ce travail a fait l'objet d'une série de leçons à l'Institut des Hautes Etudes des Algues jusqu'à fin 1927 ; quelques travaux publiés en 1928 ont été signalés, ces additions sont postérieures aux leçons données.

tude des cultures pures est indispensable, non seulement au point de vue du cycle évolutif des algues, mais aussi pour résoudre des questions de pure morphologie ou de cytologie. Rappelons à ce propos les magistrales études que fit MIQUEL (1892-1898) sur les Diatomées. Il put obtenir la formation de zygospores chez certaines espèces et soumettre, pour une étude cytologique, ses échantillons à des spécialistes aussi réputés que VAN HEURCK.

Des travaux récents basés sur les cultures pures ont permis de préciser des points intéressants pour éclaircir le cycle vital et la morphologie de diverses algues. Voir notamment les travaux de CHODAT (1913 à 1926).

Au point de vue purement physiologique, il est incontestable que seules les expériences de nutrition des algues avec des aliments inorganiques ou organiques affectés en culture pure ont une base scientifique sérieuse.

La culture des microbes, levures et champignons a permis de réformer un grand nombre de notions inexactes, erronées qui avaient été accumulées dans la littérature physiologique spéciale avant les travaux de PASTEUR et de HANSEN. La période prépastorienne de l'étude des fermentations les plus diverses abonde en travaux, en discussions homériques, où fourmille de contradictions et de recherches, dont on ne tient plus guère compte. Il en sera de même de la physiologie algologique qui, sauf quelques exceptions, est encore totalement basée sur des expériences empiriques et se trouve exactement dans la même situation que l'étude des fermentations avant les travaux qui forment la gloire de PASTEUR et de HANSEN.

Les études de génétique, la question des variations et mutations chez les algues, l'étude des facteurs influençant leur écologie, l'action des conditions physiques, chimiques et physico-chimiques intervenant soit dans les phénomènes de sexualité, soit dans ceux de la vie purement végétative, ne pourront, vu leur complexité, être envisagées qu'ultérieurement. Les quelques travaux que l'on possède sur ces questions montrent la richesse du sujet.

En dehors de ces problèmes de recherche purement scientifique et théorique, l'étude des algues peut avoir une portée pratique assez étendue. Tout le monde sait que l'abondance des poissons marins et d'eau douce est en relation avec la richesse du plancton. Leur développement dépend des conditions alimentaires réglant le développement des algues, vrai fourrage pour tous les animaux aquatiques. Repérer les endroits riches en plancton c'est donner aux pêcheurs des indications précieuses pour leur travail. Des enquêtes marines importantes sont venues appuyer ces faits. En aquiculture d'eau douce, on a pu obtenir, en favorisant le développement des algues par addition d'engrais synthétiques ou naturels, une amélioration des rendements des étangs de culture, obtenir un poisson plus abondant et mieux nourri.

D'autre part, les algues par leur multiplication excessive peuvent devenir tellement abondantes que leur présence dans les eaux occasionne de graves inconvénients pour la salubrité publique. Le problème de la destruction des algues a dû être envisagé largement. Citons les enquêtes faites par des services des Eaux et Forêts aux Etats-Unis, notamment les travaux de G. M. SMITH (1924), elles démontrent l'importance de ce problème. Bien souvent il arrive que des industries, utilisant de grands volumes d'eaux (alimentation en eau des agglomérations, papeteries, usines chimiques, etc.) sont immobilisées par infection d'algues. Ces algues bouchent les filtres, encrassent les appareils, nécessitent un nettoyage dispendieux. En agriculture, notamment dans les cultures irriguées ou qui se font dans l'eau, tel que le riz, le développement des algues peut nuire aux récoltes, aussi faut-il les détruire. A ce sujet voir la note de SAMPIETRO (1927) qui préconise l'emploi du sulfate de cuivre, ce qui était d'ailleurs bien connu. Les algues terrestres ou aquatiques colonisent les rochers (NADSON 1927 a, b), les désagrègent, les perforent, les détruisent. Les pierres, les monuments, les statues à l'air libre sont souillées par des myriades d'algues microscopiques, favorisent l'implantation des lichens et provoquent la mutilation et la destruction irrémédiable de chefs-d'œuvre. L'art et l'archéologie peuvent trouver dans les algues des ennemis. Rien qu'à ce point de vue, l'étude des conditions du développement des algues, celle des moyens d'entraver leur multiplication, doit être un sujet d'attention.

Il résulte d'études techniques anglaises (Report of stone preservations, etc., 1927) que les pierres sont loin d'être impénétrables aux microorganismes. Des bactéries ont été trouvées à 2 pieds de profondeur (0,70 cm. environ) dans des pierres de carrière. On a proposé toute une série d'enduits protecteurs afin d'assurer une conservation meilleure des matériaux utilisés en architecture.

Ajoutons, pour finir, que l'étude de la flore du sol a fourni en ces dernières années la preuve que les algues et protozoaires sont un

élément non négligeable de la fertilité de la terre. Les travaux de
BRISTOL (1920), PETERSEN (1915), ESMARCK (1911-1914), MOORE et KAR-
RER (1919), FRITSCH (1922 b), MOORE et N. CARTER (1926) permettent
de se rendre compte de l'importance de la flore algologique du sol.

Ce rapide aperçu préliminaire montre l'importance générale et
particulière des cultures pures algologiques, les tenants et aboutis-
sants de cette étude. Il nous suffit, pour le moment, d'avoir esquissé
cet aperçu pour que chacun puisse se rendre compte de son utilité
et des buts variés de la culture pure des algues.

ESQUISSE BREVE DU SUJET

Nous parlerons tout d'abord de la conception de la culture pure
d'algues par diverses écoles. On verra que la façon de comprendre
la pureté des cultures d'algues varie suivant les auteurs et les écoles.
Ce point a de l'importance pour l'étude des perfectionements de la
technique des isolements ou triages.

Ces notions sont complétées par l'étude des nombreux milieux
nutritifs préconisés : solutions nutritives inorganiques, milieux solides
ou gélosés. Cette étude se rattache tout naturellement aux chapitres
de la physiologie végétale concernant l'assimilation des éléments minéraux et organiques.

Sans vouloir faire un exposé de technique bactériologique, il est
pourtant nécessaire de donner quelques détails sur les techniques
de préparation des milieux et les procédés favorables aux isolements.
Les cultures pures étant obtenues, quelques indications seront utiles
pour leur conservation.

Les algues ont des exigences culturales très variées. Il sera ins-
tructif de donner les précisions que nous avons pu réunir sur l'isolement des algues, les méthodes qui furent utilisés par les chercheurs.
Quelques mots sur les analyses chimiques des milieux et des algues
viendront compléter les notions nécessaires pour entreprendre les
cultures pures d'algues et les interpréter.

LA CULTURE PURE DES ALGUES

La notion de culture pure des algues est une conséquence de l'application des principes de la culture pure aux microbes et levures. Depuis 1890, avec les recherches de BEIJERINCK en Hollande et de MIQUEL en France, nous voyons que divers bactériologistes s'essayèrent à la culture pure des algues. C'est dire que, dès ses débuts, l'algologie expérimentale par culture s'inspire de la discipline bactériologique. Elle utilise les méthodes de stérilisation des milieux, les pratiques d'isolement microbiologique, le matériel et les ressources des laboratoires de bactériologie.

La grande difficulté de l'isolement des algues, la lenteur des triages, les insuccès fréquents font que ce genre d'étude n'a pu être abordé jusqu'à présent que par les maîtres de la technique bactériologiste. Nous avons déjà cité BEIJERINCK et MIQUEL, ajoutons aux initiateurs de la méthode nouvelle le professeur R. CHODAT, qui s'est fait le protoganiste ardent des cultures pures d'algues et a fondé à **Genève** une algothèque.

Afin de fixer une fois pour toutes les idées, nous considérons qu'une culture pure d'algue est une culture qui ne renferme qu'une seule espèce ou variété d'algue. C'est identiquement la même notion que nous retrouvons dans les domaines de la bactériologie pathologique ou générale et dans celui de la culture pure des levures. C'est simple et limpide. Toute discussion semble superflue. Il n'en est pourtant rien.

Pendant que des bactériologistes de profession s'acharnaient à l'isolement de cultures pures d'algues, d'autres savants étaient occupés à l'étude de ces organismes. Les botanistes algologistes ont de tout temps mis en œuvre la méthode des cultures pour arriver à se rendre compte de l'évolution et du développement des algues. Depuis que l'on étudie les algues au microscope, on s'est aperçu qu'il suffit d'abandonner à eux-mêmes des matériaux récoltés dans la nature, de les vivifier en leur fournissant, avec l'eau nécessaire, divers sels nutritifs organiques ou inorganiques pour obtenir une multiplication plus ou moins abondante d'organismes monocellulaires à chromophylle.

Multiplier les algues dans une infusion, les obtenir en masse, c'est pour le botaniste les cultiver. Isoler une cellule verte dans ces infusions au moyen d'une pipette, en obtenir la prolifération, c'est réaliser une culture pure. KLEBS (1896) dans un ouvrage célèbre réalisa quelques cultures de ce genre. Il lui suffisait d'avoir dans ses milieux une algue d'une seule espèce, peu importe qu'elle soit accompagnée de bactéries, moisissures ou même d'organismes animaux, pour considérer qu'il avait une culture pure.

C'est ainsi qu'il signale comme culture pure *Hydrurus* cultivé dans une fontaine de jardin sous eau courante. C'est déjà joli comme exemple. En voici un autre. A propos de l'isolement de *Botrydium*, KLEBS (1896), p. 184, indique que l'on prélève l'algue dans la nature avec de nombreuses autres espèces, on les met dans le liquide de KNOP à 0,2 à 0,4 gr. 100 à la lumière. Il se développe peu à peu une riche végétation de Diatomées, Oscillaires, Protococcoïdées, Ulothrichiées. On en sépare facilement *Botrydium* en enlevant avec une fine pipette de verre les tubes de *Botrydium* que l'on ransporte dans une goutte d'eau pure. On en retire avec une pipette semblable quelques cellules que l'on transporte en liquide nutritif stérile. Après quelques temps de nouvelles cellules se forment, des petits groupes (déjà plus séparés des autres organismes) sont prélevés et peuvent être mis dans des solutions fraîches. On continue cette technique jusqu'à ce qu'on obtienne une culture pure (Reinkultur !).

On comprend qu'avec de telles cultures, KLEBS ne fut pas très partisan des cultures en plaques de gélatine suivant la méthode de KOCH. Evidemment la gélatine ne devait pas tarder à être liquéfiée par les germes introduits avec la soi-disant culture pure de *Botrydium*. Pour éviter le désastre de la liquéfaction, il suffit d'utiliser la gélose, la silice gélatineuse, ou plus simplement du sable stérile arrosé de liquide nutritif et encore de la terre ou de l'argile humide.

Un peu plus loin (p. 186) KLEBS appelle « Reinkultur » une culture qui renferme une espèce donnée d'algue qui se développe débarrassée de toute autre algue. La présence de bactéries n'est pas entièrement exclue. KLEBS fait d'ailleurs remarquer que dans les liquides nutritifs, les bactéries sont si isolées qu'on doit les chercher longtemps pour en voir. Il ajoute que sur gélose elles peuvent être un peu plus fréquentes mais tant que les tubes de culture sont éclairés, leur développement est entravé. Même dans les cultures tenues à l'obscurité, les bactéries ne causeraient pas de dommages. C'est très contestable.

Tout l'ouvrage de KLEBS est fondé sur ces bases fragiles. C'est bien malheureux, car cet éminent botaniste a formé école. RICHTER, ARTARI, SENN et d'autres ont suivi sa voie. Ce n'est que récemment qu'un élève de cette école, GROSSMANN (1921), s'efforça d'étudier des cultures d'algues dépourvues de bactéries.

GROSSMANN écrit (p. 372) que : « depuis les recherches de KLEBS et de ses élèves, il a été de plus en plus reconnu que les « cultures pures » sont la base indispensable des recherches physiologiques. Le désideratum à remplir pour réaliser une culture pure est que tous les individus dérivent d'une seule cellule mère, donc forment un rameau pur (Clone) et une race physiologique unique. Les cultures d'algues de KLEBS et de ses élèves remplissent ces conditions, du moins en ce qui concerne les algues. Mais les bactéries et même les champignons n'étaient pas exclus. Vu que ces organismes ne peuvent être confondus avec des algues, il ne peuvent amener des fautes dans les questions de variabilité des algues, mais ils prohibent l'emploi de toute matière organique. CHODAT et ses élèves ont évité cet inconvénient en réalisant les cultures sans bactéries. »

Il y a donc quelques années à peine, voilà quelles étaient les opinions de botanistes sur les cultures pures d'algues ! Et l'on comprend la défense ardente, que fit le professeur CHODAT et ses élèves, des principes purement bactériologiques appliqués aux cultures d'algues.

O. RICHTER qui publia divers travaux sur des cultures données comme pures de Diatomées (1903) a écrit en 1913 un travail d'ensemble sur la culture pure en botanique. Il y résume ses recherches personnelles et donne quelques définitions techniques (p. 314), fixant les idées sur la terminologie.

Il appelle culture pure absolue *« absolute Reinkultur »* celle qui ne renferme qu'un organisme, tout autre organisme étant absent ; culture à partir d'une cellule unique (*Einzellkultur*), une culture pure (ou absolument pure) provenant d'une seule cellule. RICHTER ajoute que cette notion s'est de plus en plus fixée dans la littérature. Notons en passant que l'auteur admet que de telles cultures peuvent être absolument pures. On voit déjà ici que ces cultures unicellulaires peuvent également être souillées de germes. Ce sont d'ailleurs les opinions que KLEBS avait professées.

Mais il y a mieux. RICHTER définit « *Spécies Reinkultur* » celle que l'on choisira pour les isolements d'algues, amibes, myxamibes, etc., quand la culture est pourvue de bactéries mais n'est accompagnée d'aucun organisme autre.

Enfin il réserve la qualification de « *Doppel Reinkultur* ou *gemischte Reinkultur* », c'est-à-dire, de culture pure double ou mélangée pour les cultures pures de lichens ou d'amibes, etc., qui utilisent comme aliment des bactéries ou des levures, aliment indispensable, mais qui doit être choisi suivant les espèces d'amibes à cultiver. Enfin à un stade plus élevé, il y a les *Trippel Reinkultur* qui sont des mélanges à 3 organismes. On ne voit pas pourquoi il faudrait s'arrêter dans cette voie.

Voilà ce que l'on pensait avant la guerre. Depuis nous avons eu un travail du prof. PRINGSHEIM (1926) qui perfectionne les notions déjà acquises. Il les classe assez logiquement en partant du matériel d'origine prélevé dans la nature. Avec méthode, il parcourt les diverses étapes à franchir afin d'arriver à la purification ultime et radieuse. Mais là encore on retrouve en partie la terminologis que donne RICHTEfi, et cela n'est pas fait pour simplifier la question et les idées.

Voici, d'après PRINGSHEIM, les diverses étapes à parcourir par l'algologiste. C'est un véritable calvaire !

1) Erhaltungs Kultur   —   culture d'entretien
2) Roh Kultur   —   culture brute
3) Anhäufungs Kultur   —   culture d'enrichissement
4) Art Reinkultur   —   culture « unialgale » (1)
5) Absolut Reinkultur   —   culture pure
6) Einzellkultur   —   culture à partir d'une seule
                                cellule ou culture clonique.

Le botaniste de Prague donne de longues explications au sujet de chaque stade du travail de l'obtention de culture pure. Nous allons rapidement passer en revue ce qu'il écrit à ce sujet.

Les cultures d'entretien sont celles qui offrent aux algues des conditions appropriées, réglées de manière à ce qu'elles se présentent telles qu'on les trouve dans la nature. Elles peuvent avoir quelque utilité pour les recherches morphologiques, mais ne sont pas commodes à réaliser. Il est conseillé d'utiliser l'eau d'origine, les substrats où végètent les algues, d'éviter la dessication, les poussières ;

---

(1) Nous forgeons cet adjectif, d'après l'anglais, pour désigner les cultures qui ne renferment qu'une seule espèce d'algue.

l'échauffement des liquides peut être fatal aux espèces. Néanmoins un examen attentif permet de fournir des renseignements utilisables dans les stades plus élevés de la culture.

La culture brute est celle qui apparaît quand un matériel algologique est abandonné à lui-même. A notre avis, elle se distingue à peine de la précédente. Elle se caractérise d'ailleurs le plus souvent par l'élimination des espèces délicates et la prolifération des végétaux les plus robustes. Ce sont souvent des Chlorelles, *Hormidium, Stichococcus, Chlamydomonas,* etc., qui peuvent servir pour les isolements. Il arrive parfois qu'il y ait multiplication d'espèces inattendues. Toutes les algues qui apparaissent ainsi en masse sont mieux adaptées aux conditions des cultures de laboratoire et permettent des isolements plus faciles.

Si dans le genre de culture précédent, on est livré au hasard (on attend en effet tout bonnement que l'une ou l'autre espèce devienne prédominante) l'intervention du chercheur est plus active dans les cultures d'enrichissement. Dans ce but on détermine des conditions extrêmes qui éliminent beaucoup d'organismes. Un excès de sel de cuisine favorise les germes halophiles. En faisant barbotter de l'hydrogène sulfuré dans le liquide on éliminera les microorganismes autres que ceux qui vivent dans les boues d'étang. Suivant la formule de Beijerinck, par l'addition de phosphates dans un milieu appauvri on obtiendra une prolifération de Cyanophycées ; au contraire, une alimentation azotée favorisera plutôt les Diatomées et ensuite les Chlorophycées. Jacobsen (1910) avait montré que l'albumine d'œuf putréfiée permet le développement des Volvocinées. En variant les méthodes d'intervention on arrive ainsi à faire prédominer les organismes les plus variés dans des conditions qui permettront d'aborder les cultures pures.

La culture unialgale est celle où l'on ne trouve qu'une seule espèce d'algue en association avec d'autres organismes qu'on ne peut confondre avec elle. C'est, nous l'avons vu, ce que Klebs et ses élèves appellent des cultures pures.

La culture pure (absolut Reinkultur) est celle qui ne renferme qu'une espèce d'algue à l'exclusion de tout autre organisme. C'est, à notre avis, la seule culture qui mérite la dénomination de pure.

Enfin Pringsheim distingue encore la culture clonique, obtenue à partir d'une cellule unique ou provenant d'un groupe de cellules filles dérivées d'une cellule-mère unique. Et pour brouiller les idées du lecteur, Pringsheim note que dans de telles cultures l'absence dé microorganismes étrangers n'est pas indispensable. De telles remarques montrent combien il faut se méfier des appellations didactiques que nous venons de passer en revue.

On se rend bien compte, après avoir parcouru les travaux fondamentaux que nous venons de citer, que les nombreux distinguo, que les propositions et amendements ajoutés font, d'un problème très simple et très clair, un fouillis impénétrable. Rien que le fait, de mettre sur le même rang la culture pure vraie et la culture brute, les cultures d'enrichissement, les cultures unialgales, prête à équivoque, non peut-être dans l'esprit des théoriciens, mais dans celui des chercheurs dont ils sont les guides.

En fait, si l'on veut consulter le paragraphe annexe de cette partie, on constatera que contrairement à la théorie, la plupart de ceux qui réalisèrent des cultures d'algues n'atteignent pas le but et se contentèrent de s'arrêter à l'une ou l'autre des étapes fixées didactiquement par Pringsheim et ses prédécesseurs.

Ceux, qui suivirent les théoriciens botanistes ou qui puisèrent dans leurs écrits et dans leurs laboratoires les notions de cultures, sont amenés, tant par la difficulté de réalisation des triages purs, que par l'affaiblissement de l'idée de culture pure, à attribuer une même valeur à cette dernière et aux autres procédés de technique utilisés en algologie. Cette contradiction entre les exigences de la théorie et les cultures réalisées existait déjà du temps de Klebs. Chodat (1909) ne manqua pas de la mettre en valeur (p. 38 et passim). Depuis plus de trente années on n'a vraiment pas fait les progrès que l'on pouvait espérer.

On ne peut estimer assez haut l'utilité générale et particulière de la culture pure des algues. Il suffit de parcourir la littérature relative à l'assimilation de l'azote atmosphérique pour trouver les résultats les plus contradictoires. Voir par exemple Schramm (1914 b), Bristol (1920), pour ne citer que quelques travaux sur cette question ; voir aussi tous les traités de physiologie générale et agricole. Les nombreux mémoires écrits sur ce sujet sont tout au plus d'intérêt historique et de compilation, mais n'ont guère de valeur scientifique. Il en est de même pour tous les travaux soi-disant physiologiques où l'on a fait usage de cultures non rigoureusement pures.

Il est plaisant de voir que chaque auteur signale avec soin que ses devanciers n'avaient pas de culture pure à leur disposition, que lui seul en a le monopole. Dans combien de cas a-t-on soumis les cultures d'algues dont on vante la pureté, au criterium de l'envoi des tubes ensemencés à d'autres laboratoires, aux contradicteurs pour permettre la vérification d'absence de tout organisme étranger aux algues ? De tels échanges paraissent peu développés. La raison intime est certainement l'impureté manifeste des cultures, bien plus que les cloisons étanches existant entre diverses écoles.

S'il n'est pas toujours possible, malgré les congrès et autres réunions académiques, d'amener les savants à se mettre d'accord sur certains points, on pourrait au moins demander qu'ils étudient leurs travaux, qu'ils lisent leurs publications originales. On rêve lorsqu'on lit par exemple que PRINGSHEIM (1913 b) écrit, page 77, dans une note de bas de page, en rappelant un travail de CHODAT et GOLDFLUS (1897), travail qui est loin d'être inaccessible : « cité d'après E. STRASBURGER Das botan. Praktikum. 4 Aufl. Iéna 1902, p. 398 ». Et voilà le travail de CHODAT et de son élève jugé d'après un texte condensé. On peut penser que des renseignements ainsi obtenus en deuxième ou troisième main risquent fort de ne pas rendre compte de la pensée primitive des auteurs. Et ce n'est pas là un cas isolé. Combien de fois les auteurs ne citent-ils des travaux dont ils ne connaissent que les résumés plus ou moins fidèles ?

Cela explique pourquoi *perdurent* des erreurs et des confusions, comme celles que nous devons constater dans la conception et la pratique des cultures d'algues.

La physiologie des algues fourmille de recherches criticables à plus d'un titre. KLEBS (1896), ainsi que nous l'avons dit, venait affirmer que c'est avec peine que dans ses cultures on pouvait retrouver un microbe au microscope. Où gît la limite entre une infection minimale et une impureté notoire des milieux ? On est là sur un terrain bien glissant et toute concession entraine l'opération vers le gouffre où vont se perdre les travaux physiologiques sans valeur et les efforts vains accomplis pour les réaliser.

PALLADINE (1903), en faisant des expériences d'assimilation par des algues avec des cultures pures (selon son affirmation) ajoute vers la fin de son travail sur la respiration et la fermentation par les algues, que vu la courte durée des essais (une demi-heure à quelques heures, rarement 24 ou plus), les infections microbiennes ont une action minimale. C'est qu'il n'a pas eu à sa disposition de culture absolument pure de *Chlorothecium saccharophilum,* mais qu'il estime que l'objection qu'on pouvait lui faire de l'intervention de bactéries n'est à son avis pas valable, les Bactéries n'ayant pu intervenir pendant le court laps de temps des expériences, ce qu'il ne démontre d'ailleurs pas. Et mieux si cela était, en réalité une telle expérience n'est pas démonstrative, ni défendable. Que dirait-on d'un zymologiste qui essayerait des expériences analogues avec des levures en présence de quelques germes bactériens ?

Comme bien l'on pense, l'affirmation de la nécessité de la pureté des cultures d'algues, non seulement pour les recherches physiologiques où elle est difficilement contestable et incontestée, mais pour des recherches de pure morphologie, de biologie a soulevé de la part des adversaires de la culture rigoureusement pure, des objections. On a même été jusqu'à faire des reproches aux cultures pures. En tous cas, nous pouvons déjà dire qu'ils sont beaucoup moins graves et pertinents que ceux que l'on peut adresser aux partisans des cultures mixtes de toute catégorie.

Nous venons de dire le peu d'importance qu'attribuent certains auteurs aux infections. DENIS (1925-1926), en signalant les méthodes traditionnelles imparfaites intéressant la systématique algologique, ajoute que les cultures expérimentales rigoureuses ne semblent pas devoir bouleverser la classification de sitôt à cause de la difficulté même de son application. A cela nous pouvons opposer le travail récent de CHODAT (1926) sur *Scenedesmus* dont le titre à lui seul est tout un programme : « Étude de génétique, de systématique expérimentale et d'hydrobiologie » ! DENIS ajoute que la méthode rigoureuse est un moyen de contrôle et d'investigation précieux... mais elle ne dispense pas de l'étude dans la nature (ce que CHODAT avait d'ailleurs fait ressortir), elle la complète.

DENIS argumente ensuite de la façon suivante : KUFFERATH a employé dans divers travaux la méthode des cultures pures et donné par ailleurs des listes d'algues déterminées par la méthode classique. Belle raison ! Mais est-ce parce que nous sommes persuadés des ressources infinies d'une méthode nouvelle, d'une supériorité écrasante par le fait de sa précision, que nous dussions faire fi des moyens que nous avons à notre disposition pour nous faire entendre ?

Il est évident que, si dans un examen d'algues, provenant d'un étang, nous trouvons des *Scenedesmus*, des Chlorelles, des *Chlamydomonas*, nous serons bien plus embarrassés que les purs systématiciens et que nous hésiterons à appeler *Chlorella vulgaris* Beyerinck

une algue qui présente les caractères morphologiques de cette espèce
bien connue. Nous savons qu'il y a des systématiciens qui en suivant
correctement les tables dichotomiques de détermination des Algues,
n'hésiteront pas. Nous savons aussi que sauf les espèces dénommées
ci-dessus, il y a, quand même, des algues mieux caractérisées. Et
que, par exemple, en nous référant aux *Scenedesmus* nous pourrons
très bien et très sincèrement distinguer le *Sc. maximus* (W. et W.)
Chodat des autres espèces, en nous référant aux dessins et descrip-
tions originales. Il n'est donc pas toujours nécessaire d'avoir cultivé
une algue en culture pure pour la déterminer correctement. Mais cela
ne veut pas dire que cette dénomination soit immuable. Il suffirait par
exemple d'obtenir ce *Scenedesmus* très remarquable dans deux cultures pures, l'une formant sur gelose des disques verts, l'autre des colonies rouges, pour devoir les distinguer entre elles par une étiquette
spécifique ou de variété pour le moins.

La technique des cultures pures n'en est qu'à ses débuts ; elle
offre des ressources inépuisables et l'on ne peut raisonnablement
argumenter du fait qu'on n'a pu dans tous les cas en tirer le parti
le meilleur. D'ailleurs, DENIS reconnaît que dans d'autres domaines,
en physiologie, elle est indispensable — qu'elle peut être utile en
œcologie (synthèse des lichens).

O. RICHTER (1913) admet que pour des études physiologiques, seules les cultures pures sont à retenir. Les cultures « Spezies reinkultur »,
unialgales ne fournissent aucune base. Cela ne l'empêche pas d'attribuer une valeur physiologique à des travaux tels que les siens (1909)
où à la p. 1337 il indique que les *Nitzschia* et *Navicula* qu'il isola
d'eau marine sont « spezies rein », c'est-à-dire souillés par des bactéries, que ceux de FRANK (1904) qui travailla avec *Chlamydomonas*
contaminé par des bactéries, de TREBOUX (1905) qui certainement se
méprend sur la signification de cultures pures lorsqu'il dit avoir eu
Mesocarpus, Cosmarium et une quarantaine d'algues en culture pure.
Nous n'avons pas plus confiance dans les résultats des recherches
d'ARTARI (1892 à 1914) qui suivit les errements de KLEBS (1896) et de
SENN (1899). Il en est de même des recherches de TERNETZ (1912)
sur *Euglena*, de BRUNNTHALER (1909) qui confesse qu'il n'a pas pu obtenir *Glœothece rupestris* sans bactéries, ni même sans algues (*Stichococcus* !); quant aux études de PRINGSHEIM (1913 b) sur les Schi-
zophycées, MARTENS (1914) reconnaît que c'étaient les Art-Reinkul-
turen. Nous pourrions allonger la liste. Mais à l'examen détaillé

aucun de ces travaux ne mérite d'être retenu pour la physiologie.

Dans un chapitre spécial, O. RICHTER (1913) examine les cas où la culture pure est en défaut. Il avoue qu'un systématicien pourra se contenter de cultures unialgales (Spezies-Reinkulturen) et note que NADSON (1899) et KARSTEN (1909) s'élèvent contre le principe de la culture pure en se mettant à un point de vue physiologicobiologique. KARSTEN prétend que pour le cycle de développement des Diatomées, la culture pure n'aurait guère d'utilité car il attribue aux plasmodes diatomiques observés antérieurement par RICHTER un caractère anormal.

Un autre argument contre les cultures pures est celui-ci : la culture soustrait l'organisme à la lutte pour la vie. La concurrence pour la nourriture fait défaut et la méthode ces cultures pures est insuffisante pour permettre le développement normal des Diatomées. O. RICHTER s'élève longuement contre les objections de KARSTEN et estime qu'il y a plus d'avantages à étudier des cultures pures que des cultures infectées de bactéries, des cultures brutes telles que celles dont parle son contradicteur.

PRINGSHEIM (1920) à son tour reprend la question ; selon lui il y a eu sur et sous-estimation de la culture pure. Il est assez curieux d'examiner les raisons du pour et du contre. C'est parfois un peu nébuleux comme idée, mais enfin il faut écouter toutes les cloches pour se faire une opinion.

D'une part des cultures unialgales (Art-Reinkultur), autrement dit des cultures infectées, permettent, si elles renferment des algues autotrophes, d'étudier beaucoup de problèmes physiologiques. Cela n'est plus possible s'il s'agit d'organismes hétérotrophes. Il suffit de savoir ce que l'on entend par organismes autotrophes et hétérotrophes. Où est le critérium ? PRINGSHEIM ajoute d'ailleurs que si l'on expérimente avec les algues autotrophes, on ne doit pourtant pas perdre de vue la possibilité d'intervention de bactéries associées. Et il cite que c'est à l'intervention de microbes que l'on doit attribuer les résultats de SCHLOESING et LAURENT sur l'assimilation de l'azote par les algues. D'autre part, les Bactéries peuvent avoir des actions néfastes sur le développement des algues, entraver leur développement. C'est ce que démontra un de ses élèves, en réussissant la culture de Conjuguées en l'absence de bactéries, alors que ces mêmes organismes refusaient de pousser en association avec des bactéries. Signalons, en passant, que déjà, en 1892, MIQUEL signala pour les Diatomées que les Bactéries en sont des ennemis redoutables, déterminant des intoxications et du mélanisme.

Contre cet argument, PRINGSHEIM signale que l'existence des algues dans la nature contredit de telles constatations, car là il y a toujours des microbes présents. Mais le savant professeur de Prague fait remarquer que, dans les conditions naturelles, d'autres facteurs que ceux rencontrés dans les éprouvettes de culture existent et il compare le comportement des cultures d'algues avec les cultures des champs, ou la main de l'homme intervient pour éliminer la concurrence par les mauvaises herbes. PRINGSHEIM constate qu'une culture pure a, en elle-même quelque chose qui n'est pas naturel mais qu'elle n'empêche pas la prolifération abondante et normale comme cela se passe pour les plantes de culture dans les champs. Il faut les protéger.

D'autre part PRINGSHEIM envisage la question de surestimation de la culture pure, d'après lui elle est basée sur deux erreurs très répandues. La première réside dans l'idée qu'un profane pourrait se faire des possibilités de culture des algues. Il ne faut pas s'imaginer qu'il suffise de prendre un milieu nutritif tel que ceux trouvés dans les ouvrages spéciaux. On risque fort d'avoir des mécomptes. Certaines algues ont des exigences spéciales qu'il faut d'abord étudier et déterminer par les méthodes de culture d'entretien et d'enrichissement (par exemple) ou par l'étude des conditions naturelles de la vie de ces organismes. Ces notions acquises, on pourra imaginer des méthodes particulières de culture. Autrement dit nous ne connaissons encore que peu de chose sur les milieux culturaux favorables aux algues et nous ne devons pas croire que les liquides nutritifs qui ont fait leurs preuves dans beaucoup de cas, sont des panacées L'argument n'est pas très convaincant, au moins pour ce qui est de l'appréciation de l'utilité de la culture pure.

Une autre erreur à éviter est celle de croire qu'on ne puisse obtenir de cultures pures d'algues qu'en supprimant certains corps organiques. Ces subtances organiques sont décomposées par les bactéries, aussi s'efforça-t-on de les supprimer pour réussir. Tout cela est sans pertinence et indique plutôt un manque de technique appropriée. On ne voit réellement pas ce que de telles raisons prêchent en faveur ou contre la culture pure !

Doit-on compter comme argument contre les cultures pures et l'expérimentation avec des subtances variées, l'observation de DE

Wildeman (1913)? Il se demande en effet, en signalant notre thèse sur *Chlorella luteoviridis* Chodat var. *lutescens*, s'il était absolument nécessaire de multiplier si fortement les milieux artificiels surtout que pour beaucoup d'entre eux, il n'existe rien de comparable dans la nature, et que, par conséquent, jamais l'algue ne se trouvera dans les conditions de l'expérience. Evidemment une algue ne risque de rencontrer de la naphtaline ou du sublimé que dans les herbiers ! Et pourtant si l'on y réfléchit un peu, ne conçoit-on pas la possibilité pour des algues de se trouver dans les milieux naturels en présence des corps les plus variés ? Sans parler, par exemple, des eaux résiduaires industrielles qui peuvent renfermer des produits phénololiques, des acides gras, des sels organiques ou inorganiques variés, il suffit de se retourner un peu pour voir dans la nature la présence des combinaisons organiques les plus inattendues. Les écorces de conifères sur lesquels vivent des Chlorelles, à la base desquels vivent diverses algues vertes et Cyanophycées seront en contact avec des résines, des térébenthines. Les feuilles, les débris de plantes aromatiques, renfermant des sucres variés, des glucosides, des matières azotées plus ou moins complexes tombent à terre, dans les eaux. Les algues qui les peuplent seront en contact avec tous ces produits bien caractérisés au point de vue chimique. Seront-ils utilisés ? Auront-ils des actions défavorables, retentissant sur la morphologie et la biologie de ces algues ? C'est certain et c'est à les expliquer que serviront les expériences de nutrition de laboratoire avec les corps les plus divers. Ne voit-on pas la possibilité d'intervention naturelle de corps insoupçonnés, lorsque Collison et Conn (1925) montrent que dans les terres fumées on a pu caractériser chimiquement comme éléments nuisibles à la fertilité des corps tels que l'acide salicylique, l'acide dihydroxystéarique et la vanilline ? Des algues vivent et prospèrent dans le sol. Qui dit que les faibles doses des corps cités ci-dessus n'agissent pas sur elles comme elles le font sur les bactéries ? On le voit, l'argument qui consiste en somme à dire que les algues trouvent dans les expériences de laboratoire, dans les milieux créés pour éprouver leur biologie et observer leurs réactions morphologiques et culturales, des conditions que l'on ne rencontre pas dans la nature, est un argument qui ne résiste pas à une analyse un peu serrée.

En résumé, on doit bien confesser qu'aucun des arguments élevés contre les cultures pures n'est à retenir. Bien au contraire la culture pure présente des avantages inappréciables. Cette technique permet de faire avec toute la correction désirable l'analyse des conditions biologiques et morphologiques les plus variés et de pénétrer mieux qu'on n'a pu le faire jusqu'ici dans les vastes problèmes de la cytologie, de la physiologie et de la vie cellulaire. De là, à passer à l'écologie et aux relations des algues avec le monde ambiant, il n'y a qu'un pas.

Tout comme pour l'étude des bactéries et des levures, la technique des cultures pures rénovera celle des Algues et Protistes. Seulement, cette technique est encore dans l'enfance, elle se perfectionnera amplement et l'on ne peut tirer argument contre elle de ce qu'elle n'a pas encore permis de réaliser tous les espoirs qu'elle autorise.

Il est par conséquent bien évident que sans vouloir diminuer en rien la valeur de la culture pure, on ne doit pas tenir pour rien ce qui fut fait antérieurement. Si par exemple, nous critiquons les auteurs, qui donnent le change en appelant culture pure des cultures unialgales ou même des cultures d'accumulation, nous devons reconnaître que ces techniques, tout imparfaites qu'elles soient, ont néanmoins été des étapes nécessaires pour le développement de nos conceptions actuelles. Bien plus qu'elles pourront, de même que l'observation consciencieuse des algues dans la nature, servir encore à éclaircir maints problèmes, à guider les chercheurs. Mais que néanmoins les résultats ainsi acquis laisseront aux travailleurs plus exigeants sur les moyens d'étude un doute que seule la culture pure pourra lever d'une façon décisive.

*
**

Dans le paragraphe suivant nous montrerons combien néfaste pour l'étude purement scientifique fut la conception fausse que se firent beaucoup d'auteurs au sujet de la culture pure. Nous introduisons ici cet examen critique, qui eut alourdi inutilement les considérations générales que nous venons de présenter. Dans l'examen des travaux relatifs surtout à la physiologie algologique nous suivons l'ordre chronologique. Nous pensons avoir réuni ici la part la plus importante des publications parues jusqu'en 1927 sur la question. S'il y a des lacunes, on les excusera ; elles sont en tous cas peu essentielles et n'intéresse que des recherches d'ordre secondaire ou trop récentes dont nous n'avons pas encore pu prendre connaissance.

Il y a peu d'intérêt à passer en revue la période prébactériologique de l'algologie qui finit aux travaux de BEIJERINCK (1890) et de MIQUEL (1890).

MIQUEL dans un travail, publié en 1890, distingue d'une façon très claire, pour les Diatomées, deux sortes de cultures artificielles pures de Diatomées : 1° celle où vit et se multiplie une espèce unique à l'exclusion de toute autre algue siliceuse — c'est ce que nous désignons comme culture unialgale ; 2° celles où les Diatomées sont en l'absence de tout autre être vivant. Ce que l'on appellera culture de Diatomées à l'état de pureté absolue. L'éminent bactériologiste français fait remarquer que ces dernières cultures sont très difficiles à réussir, et indique les procédés d'élimination successifs qu'il préconise, suite à de longues et minutieuses études, pour séparer par triages répétés les algues vertes, les champignons et enfin les bactéries. Pour ces dernières il indique une technique intéressante, mais qui a l'inconvénient de demander environ 6 mois d'un travail presque journalier, et cela pour des diatomées banales.

MIQUEL dit expressément que pour des études physiologiques, il est nécessaire d'avoir des cultures à l'état de pureté absolue et ajoute « Je ne désespère pas qu'on puisse, dans la suite, simplifier beaucoup cette dernière méthode (qu'il vient d'exposer) de culture à l'état de pureté absolue, quand on connaîtra mieux les milieux demi solides qui favorisent d'une façon spéciale le développement des Diatomées. »

En réalité la plupart des cultures de Diatomées que réalisa MIQUEL sont des cultures unialgales. Pourtant il n'utilisa pour les recherches physiologiques que des cultures pures. L'intérêt des travaux du directeur du Laboratoire de Montsouris, réside principalement de ce que dès le début, il a abordé la question de culture pure des algues et a dégagé d'une façon remarquable les principes à suivre pour les réaliser. L'oubli dans lequel on a laissé ses travaux est une injustice qu'il y a lieu de réparer.

En même temps que MIQUEL, BEIJERINCK publia en 1890 un travail qui eut un retentissement considérable. Il réalisa par isolement en gélatine la culture de *Chlorella vulgaris* Beijerinck et d'autres Chlorophycées. Il est presque inutile de parler de ces travaux du célèbre bactériologiste hollandais, connus de tous ceux qui s'occupent d'algologie. Il est vrai qu'en 1893, CHODAT et MALINESCO (1893) émettent des doutes sur la pureté de certaines souches de *Scenedesmus*, iso-

lées par Beijerinck. De tels doutes n'ont jamais été portés contre les
cultures de *Chlorella vulgaris,* et d'autres chlorelles qui sont encore
en culture au laboratoire de Delft, où l'on peut les obtenir et s'assurer
de leur pureté. Il est donc bien établi que Beijerinck réalisa les premières cultures pures de Chlorophycées, et on peut les soumettre
au contrôle contradictoire du spécialiste ce qui est évidemment une
garantie très grande.

Ce critérium, on l'a également pour les algues en culture pure,
très nombreuses isolées par Chodat et ses élèves depuis 1894 jusqu'en
ces derniers temps. Voir notamment : Chodat (1894) culture de *Palmellococcus miniatus,* Chodat et Malinesco (1893) sur *Scenedesmus
actus,* Chodat (1898 et 1904), l'étude critique sur le polymorphisme
des Algues (1909)· où de nombreuses espèces sont étudiées, l'importante monographie des algues en culture pure (1913), l'étude du
genre *Scenedesmus* (1926). Il peu rester des doutes sur la pureté
des Cyanophycées isolées par Chodat et Goldflus (1897). Par contre
pour les algues vertes, Chodat et Grintzesco (1900 a et b) ont donné
de précieuses indications techniques. Pour le *Pediastrum Boryanum*
Chodat et Huber (1895), les cultures, de l'avis de ces auteurs, n'étaient
pas pures ; c'étaient des cultures unialgales. En ce qui concerne le
Scenedesmus acutus, Chodat et Malinesco (1893), disent que le liquide
ne contenait aucun autre organisme. S'agit-il ici de culture absolument pure ?   On n'a pas d'indications précise dans le travail cité.
En tous cas ultérieurement cette algue a été maintes fois obtenue en
culture pure à Genève.

Adjaroff (1905) utilisa des cultures exclusivement pures de *Chlorella vulgaris* et de *Stichococcus minor* pour des études physiologiques. D'ailleurs toute la série suivante de travaux qui sont plus
spécialement consacrés à divers problèmes de physiologie, montrent
quelle source féconde est la culture pure. Citons entre autres : les
travaux de Grintzesco (1902 et 1903) sur le *Scenedesmus acutus* et
Chlorella vulgaris, de Stabinska sur la physiologie des gonidies du
Verrucaria nigrescens (1911), de Bialosuknia (1901 et 1911) sur *Di-
plosphæra Chodati,* de Hoffmann-Grobéty (1912) sur *Raphidium mi-
natum* et les caractères coloniaires de *Chlorella rubescens* et *cœlas-
troides* ainsi que de *Botrydiopsis minor,* de Mendrecka (1913) sur
Chlorella variegata Beijerinck, de Korniloff (1913) sur les gonidies
de divers *Cladonia,* de Rayss (1915) sur le *Cœlastrum proboscideum,*
de Letellier (1917) sur les gonidies de lichen : *Cystococcus, Sticho-*

coccus et *Coccomyxa* divers, de TOPALI (1923) sur des expériences purement physiologiques notamment avec *Chlorella pinchatensis* et de TANNER (1923 a et b) sur de nombreux *Scenedesmus* et leur action protéolytique, enfin sur le polymorphisme très curieux de *Tetraedron minimum*.

Cet ensemble de travaux, tout à l'honneur de l'Ecole botanique de Genève, constitue le plaidoyer le plus convainquant en faveur de la culture pure. Il est facile de discourir sur ce sujet, mais passer des paroles aux actes, des vues théoriques à la réalisation culturale, cela représente un labeur considérable digne de respect. Et l'on est tout surpris lorsque l'on rencontre certains auteurs qui ignorent ou passent sous silence (l'on craint bien pour la vérité que ce ne soit de parti-pris) les travaux de CHODAT et de ses élèves. Je n'ai pas ici à défendre l'école genevoise, qui a bec et ongles, et l'a bien prouvé, mais je trouve regrettable que des auteurs tels que LINKOLA (1920) ne citent même pas les travaux de cette école ; de même MAERTENS (1914), MUENSCHER (1923); ANDREESEN (1909) cite les recherches de RICHTER, d'ARTARI, mais oublie CHODAT quand il parle des cultures pures. Nous pourrions allonger la liste. Il semble qu'il y ait là une très curieuse influence de milieu. Ainsi les auteurs qui utilisent le milieu de KNOP, préconisé par KLEBS (1896), s'en tiennent à ce milieu, ne l'abandonnent pas. Il suffit de parcourir un travail d'algologie expérimentale, de voir quel milieu a servi, pour savoir immédiatement à quelle école il appartient, ses tendances. Il est rare qu'on se trompe.

La longue suite de travaux qui va suivre donnera moins de satisfaction à l'amateur de cultures pures, bien que cette dénomination soit souvent utilisée.

Très antérieurement à l'année 1890, un des premiers travaux s'occupant de la physiologie des algues, celui de BINEAU (1853) n'a pas les prétentions de culture physiologique que nous trouvons dans l'article de FAMINTZIN (1871 a et b) qui opéra avec des cultures très impures, se contentant de mettre en contact avec le liquide de KNOP diverses algues filamenteuses (*Spirogyra, OEdogonium, Conferva, Vaucheria, Protococcus*, etc.).

Il faut arriver à MIGULA (1888) qui étudie l'action d'acides dilués organiques et inorganiques sur *Volvox globator, Spirogyra orbicularis, Sp. setiformis, Zygnema, Conferva* et *OEdogonium*. Ces études sont faites sur du matériel naturel. Ajoutons que ces algues, très sensibles et difficiles à maintenir, constituent un matériel extrêmement délicat et infidèle. On doit considérer ces recherches comme les premières tentatives d'étude physiologique, elles ont un intérêt historique et devront être reprises avec des cultures pures. Les milieux n'étaient pas stérilisés et pour éviter les infections trop patentes MIGULA renouvelait tous les deux jours les liquides expérimentés.

La publication des travaux de MIQUEL (1890) amena MACCHIATI (1892 a et b) à rendre compte d'expériences de culture de Diatomées, auxquelles RICHTER (1903, 1911) dénie les qualités de cultures pures. MIQUEL en 1892, dans une note parue dans le Diatomiste, vol. I, p. 118, démontre le peu de valeur du travail italien. MIQUEL (1892 a et b) donne des indications sur le comportement physiologique des Diatomées à la chaleur, aux toxiques, il étudie les sporulations, mesure les modifications de la taille des *Nitzschia, Melosira, Cyclotella*. Il réunit ces renseignements en utilisant des cultures unialgales. Grâce aux indications ainsi obtenues, il espérait pousser plus avant la culture des diatomées et arriver au but qu'il avait en vue, la culture pure.

NOLL (1892) s'occupe de la culture des algues marines en aquarium, mais il s'agit ici des grandes espèces marines. Bien que ce sujet d'étude soit très éloigné des cultures d'algues microscopiques, il n'est pas exclu de les cultiver à l'état pur et de réaliser pour elles ce qui fit par exemple MAZÉ (1914, 1919) pour la culture pure du maïs.

A. RICHTER (1892) étudie, l'adaptation des algues aux solutions salées concentrées. Il travaille avec des Cyanophycées et de nombreuses Chlorophycées et observe les réactions de ces algues. Les cultures étaient impures et certaines renfermaient même 2 espèces d'algues à la fois !

KRUGER (1894) donne une étude physiologique assez complète sur *Chlorella protothecoides* Kr. et *Chlorothecium saccharophilum* Kr. Rien n'indique que cet auteur n'ait pas obtenu des cultures pures. Il ne s'étend pas sur les procédés d'isolement et vérifications de pureté de ses souches.

ARTARI (1892) étudie *Chlorococcum infusionum* Men., *Gloeocystis Nægeliana* A., divers *Chlorosphæra, Chlamydomonas apiocystiformis* Art., mais s'il fit des cultures avec ces algues dans des solutions de Knop, il ne les obtint pas pures. Il travailla spécialement dans la voie indiquée par KLEBS.

En 1896, paraît l'ouvrage célèbre de KLEBS, on y trouve les premières indications théoriques sur certaines conditions que doivent remplir les cultures pures, malheureusement la partie expérimentale n'est pas à la hauteur de la théorie. Les controverses que souleva ce livre ont amené tout une série de recherches et de progrès, sa publication a servi la cause des cultures pures. On ne peut l'ignorer, bien que les conclusions physiologiques n'aient pas la rigueur et la valeur qu'elles eussent eues si elles avaient été étayées sur des cultures pures.

DILL (1896) étudie le genre *Chlamydomonas* mais sans faire usage de cultures pures. H. MOLISCH (1896, 1897) entreprend l'étude de l'alimentation des algues, compose un liquide nutritif spécial et ouvre une ère de recherches que continuent encore ses élèves, et dont on trouvera une ample relation dans la revue de O. RICHTER (1911). MOLISCH n'utilisa pas des cultures pures pour établir l'utilité des divers métaux et métalloïdes nécessaires ou indispensables pour le développement des algues vertes.

TSCHUTKIN (1897) applique les méthodes de culture bactériologique et de triage en milieux gélosés (dilutions dans la gélose coulée en plaque de Pétri). Il isole un grand nombre d'espèces sur l'eau avec 1 p. 100 d'agar, donc en milieu pauvre et dit avoir réussi toutes ces cultures. Il est probable qu'il obtint ainsi ces cultures unialgales et ne s'assura pas de l'absence de genres autres que les algues.

BEIJERINCK (1898) publie une notice sur *Pleurococcus vulgaris*.

BENECKE (1898) n'a pas opéré avec des cultures pures, il constate la difficulté d'éliminer les bactéries et même parfois les algues ! Il est évident que dans de telles conditions, les résultats physiologiques avancés par l'auteur ne sont pas bien fondés et viennent accroître le bagage des connaissances imprécises et toujours discutables, qu'il vaudrait mieux rayer des traités de physiologie.

BOUILHAC (1898, 1894, 1896) ainsi que ETARD et BOUILHAC (1898) ont étudié surtout *Nostoc pruniforme* en culture, ainsi que quelques autres Algues : *Stichococcus bacillaris, Phormidium Valderianum,* des Diatomées, etc., mais n'ont pu réaliser de cultures pures. Leurs souches formaient comme on disait alors, des mélanges symbiotiques, ce que nous appelons des cultures impures. Les conclusions physiologiques de ces études ne peuvent être acceptées que sous toutes réserves.

Nous n'avons pas vu le travail de CHODAT (1898).

SENN (1899) étudie divers *Cœlastrum, Scenedesmus acutus* et *cordatus, Dictyosphœrium pulchellum* suivant la technique de KLEBS, il isole les algues et les met en goutte pendante dans l'extrait de terre ou de l'eau où l'on a laissé pourrir des pois. Il ne donne pas d'indications sur la pureté de ses cultures. WARD (1899) donne des suggestions originales sur les culture d'algues mais ne réalisa pas de cultures pures. Ses procédés peuvent être essayés pour l'obtention de cultures unialguales.

LUTZ (1898, 1899) commence une série de publications sur la nutrition des végétaux à l'aide de produits azotés organiques très variés sur des algues *Protococcus viridis, Mesocarpus pleurocarpus, OEdogonium* spec., *Oscillatoria* spec., *Achnanthes minutissima,* etc. On n'a ici aucune garantie sur la pureté bactériologique des cultures étudiées, il est de même pour les autres notes sur le sujet publiées en 1900, 1901, 1902, 1903 et 1905 (Bull. Soc. Botan. de France). Vu la portée de ces travaux, qui intéressent des groupes chimiques peu étudiés jusqu'ici, il est regrettable que ces études n'aient pas été faites sur du matériel vraiment pur. La même remarque est à faire au sujet des travaux d'ARTARI (1899) qui travaille avec des cultures unialgales. Les recherches de ce savant (1901, 1902 a et b, 1904, 1906, 1909, 1913, 1914) sur de nombreuses algues différentes sont dans le même cas, les résultats qu'il obtint ne peuvent être acceptés que sous réserves ainsi que le note CHODAT (1913) p. 86 et 210.

ZUMSTEIN (1899) obtient *Euglena gracilis* en culture pure dans une décoction de pois additionnés de 2 p. 100 d'acide citrique, le milieu favorisant servit à l'isolement, les bactéries ne se développant pas. Plusieurs auteurs répétèrent, sans y réussir, ce procédé de triage. Il est possible qu'il s'agisse de culture pure d'*Euglena gracilis*, bien que l'auteur soit très discret sur cette question. TERNETZ (1912) qui étudia le même organisme n'est pas plus explicite, bien qu'elle décrive en détail les formes hyalines obtenues expérimentalement. NAKANO (1917) estime que ce sont des cultures unialgales.

OSSO (1900) essaya sur *Protococcus, Chlorococcum, Hormidium nitens* et *Stigeoclonium* l'action de faibles doses de métaux tels que Zn, Ni, Co, Fe, Li, As, Hg, Cu, et Fl, parmi les halogènes, sur les récoltes d'algues. YASSUDA (1900) étudia l'adaptation d'infusoire et notamment d'*Euglena viridis* aux solutions concentrées. Les auteurs japonais ne travaillent pas avec des cultures pures.

LIVINGSTON (1900, 1901, 1905 a et b) fait de nombreuses expériences avec *Stigeoclonium tenue,* mais (1905 b) indique qu'il n'est pas nécessaire d'employer des milieux (de Knop) stérilisés vu l'absence de matières organiques dans ses milieux. Il dit d'ailleurs, p. 6 de son travail, que les ensemencements sont faits avec des cure-dents en bois (à moins que nous ne nous trompions !) au lieu d'ai-guille de platine. Il ajoute que, pour les repiquages, il utilisa chaque fois une nouvelle baguette de bois. Quand les Américains font de l'humour, il faut avouer qu'ils sont inimitables.

RADAIS (1900 a) a étudié sur une culture pure de *Chlorella vul-garis* la formation de chlorophylle à la lumière et à l'obscurité.

MATRUCHOT et MOLLIARD (1900) suivent les variations morpholo-giques de *Stichococcus lacustris* en culture pure en présence de di-verses matières organiques.

ALLEN et NELSON (1900 ou 1910 ?) dans un travail que nous n'avons pu nous procurer donnent des indications pour la culture du plancton marin.

Nous avons déjà parlé antérieurement des recherches physiolo-giques de PALLADINE (1903) et des problèmes qu'elles soulèvent.

O. RICHTER (1903) indique que sur gélose lavée il a obtenu des *Oscillatoria* et *Anabaena* mais non débarrassées des bactéries, mais affirme que *Nitzschia Palla* et *Navicula minuscula* ont été isolées en cultures absolument pures. Il en décrit les colonies. On retrouve ces essais répétés dans toute une série de travaux (1906, 1911, 1913). Des Diatomées marines *Nitzschia* et *Navicula*, une Protococcale verte, non autrement désignée, ont été obtenues en cultures unialguales (speziesrein) et ont servi à des études sur l'action alimentaire du chlorure de sodium. *Nitzschia putrida* n'a pu être privée de bactéries.

MOORE (1903) donne les méthodes de réalisation de cultures pures, nous n'avons pas lu ce travail dont MUENSCHEL (1923) tire quelques indications. Il nous est impossible actuellement de donner une ap-préciation sur les cultures obtenues par le professeur Américain.

CHARPENTIER (1903 a et b) donne deux travaux physiologiques basés sur une culture pure de *Cystococcus humicola*. Il a fait les contrôles bactériologiques de la pureté de ses souches. C'est un tra-vail à retenir.

La note de CHICK (1903) que nous ne connaissons que par la mo-nographie de CHODAT (1913) indique une méthode de triage qui selon le savant genevois ne donne aucune garantie de pureté et qui ne lui a jamais permis d'éliminer les bactéries des cultures d'algues.

FRANK (1904) confère qu'il n'a point obtenu de cultures de *Chla-mydomonas tingens* sans bactéries. Il étudie cette algue suivant les

méthodes de KLEBS. WEST (1904) dans son traité classique donne des
indications générales sur les cultures d'algues dont il constate l'utilité pour élucider de nombreux points de phylogénie.

Les expériences de COMÈRE (1905) ne sont pas réalisées dans des
conditions aseptiques, elles devraient être reprises. L'idée qu'il dé-
fend de l'acclimatement des algues aux milieux de culture étant digne d'intérêt.

TREBOUX (1905) donne une splendide liste de 40 algues les plus
diverses qu'il dit avoir obtenues en culture pure, malheureusement
il n'y a aucune indication franche sur la pureté de ces cultures. Il
suffit d'ailleurs de comparer les quantités de matière sèche par litre
récoltées par TREBOUX avec celles que nous avons indiquées (1920 c)
pour avoir les doutes les plus fondés sur les résultats de TREBOUX.

OLTMANNS (1905) en signalant les méthodes de culture des algues constate que si l'on doit attendre beaucoup des résultats des
cultures pures, il apparaît toutefois que les acquisitions faites par
ce procédé sont minimes. Il est plus facile de dire ce qu'il faut faire
pour obtenir des cultures pures d'algues que les réaliser.

ADJAROFF (1905), étudiant *Stichococcus bacillaris*, *Chlorella vulgaris* et d'autres algues en culture pure (sensu CHODAT), donne des
études physiologiques valables et intéressants : utilisation à la lumière et à l'obscurité de divers corps organiques.

Aso (1906) expérimente en plaçant *Spirogyra* en présence de
formiates et d'acétates sans prendre de précautions spéciales. Les
résultats sont tout au plus de valeur indicative.

REED (1907) fit des essais avec K, Ca, Mg, sur *Spirogyra*, *Zygnema*, protonéma de Mousses, etc., dans des conditions culturales
excluant toute pureté.

GERNECK (1907) étudia diverses Chlorophycées, son ouvrage assez
cité par les Allemands n'est pas basé sur des cultures pures.

FREUND (1908) de l'école de KLEBS utilise un matériel impur.
Oedogonium pluviale et *Hæmatococcus pluvialis* sont les algues qui
servent à ses essais. Les constatations et conclusions de ce travail
représentent un travail considérable, hors de proportion avec leur
valeur. Peu de chose est à retenir.

Les expériences de TAKUCHI (1908) avec *Spirogyra nitida* en
cultures impures ont trait à l'action des sels de calcium, de potassium et de sodium. Les sels de Ca sont moins nocifs à concentration
modérée (1/10 MG) que ceux de K et Na. La présence d'autres orga-

nismes que les algues étudiées enlève à cette étude une grande part de sa signification.

Il en est de même du travail d'ANDREENSEN (1909) sur la physiologie de diverses Desmidiées. L'auteur se donne beaucoup de besogne à étudier *Cosmarium Botrytis, Closterium moniliferum, Euastrum, Penium, Micrasterias, Hyalotheca dissiliens ;* il étudia toute une série de milieux nutritifs et de substance organiques, observa dans ces conditions des malformations curieuses tératologiques. Il fit même des cultures mélangées (Misch-Kulturen !) de Desmidiées en présence d'*OEdogonium,* de *Sphagnum,* de protonéma de Mousses. Au point de vue physiologique, ce travail est presque nul.

BRUNNTHALER (1909) ne parvint pas à réussir des cultures de *Gloeothece rupestris* sans bactéries, ni même sans champignons. Cela ne l'empêche pas de faire de longues expériences, non seulement avec des milieux inorganiques, mais avec des combinaisons organiques et d'arriver à des conclusions sans fondement valable pour l'assimilation et la cytologie des Cyanophycées.

HARVEY (1909) étudie l'action des toxiques sur *Chlamydomonas multifilis.* Il étudie divers composés benzéniques et travaille avec des cultures impures.

PEEBLES (1909) étudie *Hœmatococcus pluvialis,* son matériel de culture était récolté dans la nature sec ou humide. Il étudia spécialement la sporulation et le cycle vital par cultures en goutte pendante et en verre de montre, aucune précaution spéciale d'asepsie n'a été prise. REICHENOW (1909) étudia la même algue dans des conditions qui ne sont pas meilleures pour un travail de physiologie biologique.

BERLINER (1909) obtint des cultures de Flagellates incolores avec bactéries sur milieu gelosé à 0,5 % et 10 % de bouillon nutritif.

O. RICHTER (1900 B) avance des conclusions fondamentales sur l'utilisation de Na et de Cl en se basant sur des cultures de *Nitzschia* et *Navicula* marines unialgales (speziesrein !) et sur une protococcale marine aussi « spezies rein », ainsi que RICHTER (1911) l'indique dans sa fig. 7. On comprend que dans de telles conditions KARSTEN (Diatomeen des Kieles Bucht) qualifie d'anormales les formations de plasmodes et pseudo-auxospores signalés par RICHTER. On ne peut donner tort à KARSTEN, bien que cet auteur réputé ne soit pas familiarisé avec les cultures pures.

SCHÜLER (1910) étudie *Euglena baltica,* espèce marine, mais en cultures mélangées à des bactéries. Il en est de même pour *Cyano-monas americana* (Cryptomonadine).

Jacobsen (1910) obtint pour un série de Volvocacées des cultures pures au moyen de méthodes de triage très originales. Ce travail mérite d'être retenu pour sa valeur physiologique et expérimentale.

On peut à peine ranger dans les cultures pures, celles obtenues par Esmarch (1911) au moyen de procédés de triage intéressants et qui permettent d'arriver par des moyens originaux à l'analyse des espèces se trouvant dans le sol.

Bokorny (1911) étudia l'action de divers alcools sur les filaments de *Spirogyra, Cladophora, Vaucheria*, etc., désamidonnés, mais opère sans tenir compte de l'action des germes associés à ces algues.

Rappelons ici l'étude de Ternetz (1912) sur *Euglena gracilis*, déjà signalée à l'occasion du travail de Zumstein (1899).

En 1911, O. Richter donne, dans un gros travail bibliographique, une mise au point de la nutrition (surtout minérale) des algues. Cette revue, assez complète au point de vue bibliographique, ne relate pourtant que quelques travaux faits avec des cultures absolument pures. Ceux qui ont été réalisés par Richter avec des cultures pures de *Nitzschia putrida* et *Navicula minuscula* sont longuement exposés. L'auteur prétend que ces cultures étaient dépourvues de toutes bactéries, mais à notre connaissance aucune de ces cultures n'a été examinée à fond dans un esprit critique.

Robbins (1912) applique à l'étude des algues de sols du Colorado une méthode de culture de premier triage. Mais ici il s'agit tout au plus que de cultures unialgales.

Magnus et Schindler (1912) travaillent avec des cultures de Cyanophycées contaminées pour débrouiller des questions très complexes relatives à la coloration de ces algues dans des lumières diversement colorées. Tout cela est à reprendre avec des cultures pures.

Combes (1912) dans une note sur *Chlorella vulgaris* étudie en liquide de Knop un phénomène accessoire, la formation de lignes verticales dans les flacons de culture. On ne sait s'il opère avec des cultures pures.

En 1912, Kufferath obtint des cultures absolument pures de *Porphyridium cruentum* qui fit l'objet d'un travail plus détaillé (1920 a). La physiologie alimentaire de cette algue paradoxale fut étudiée. En 1914 nous avions soumis contradictoirement cette algue à Jacobsen. Nous ne l'avons pas conservée en culture.

En 1913, parut notre thèse sur *Chlorella luteoviridis* Ch. var. *lutescens* Chodat, qui se trouve dans l'algothèque de Genève. Cette Protococcacée, dont la pureté culturale absolue est garantie, a servi à toute une série de recherches physiologiques dont nous comptons donner bientôt un complément.

Signalons le livre de Kuster (1913) où l'on trouve un certain nombre de formules de milieux de culture et des indications sur les procédés à mettre en œuvre pour réaliser les cultures d'algues. Une édition plus récente de cette publication a vu le jour.

Jacobsen (1913) fit des cultures d'*Hœmatococcus pluvialis* qu'il étudia au point de vue assimilation alimentaire et biologiquement. Nous avons obtenu une souche de cette culture, après vérification elle ne s'est pas montrée pure.

Pringsheim (1913 a) étudie *Euglena gracilis* en culture uniaigale et ne trouvant pas les mêmes résultats que Zumstein (1899) conclut que les deux races étudiées sont physiologiquement différentes, ce qui expliquerait les contradictions expérimentales relevées. Il est bien plus certain, qu'il ne s'agit pas ici de races différentes, mais dans l'un et l'autre cas de cultures contaminées, de simples cultures unialguales. D'ailleurs Pringsheim (1913 b) annonça des cultures de *Oscillatoria tenuis, Osc. brevis, Nostoc cuticulare* et trouva qu'en présence de matières organiques les Cyanophycées n'ont pas moins bien poussé que dans les solutions minérales les plus faibles, notion assez répandue. Mais ces conclusions sont mises en échec lorsqu'on lit que Maertens (1914) a reçu ces cultures et celles de Glade qu'il qualifie « Art reine », c'est-à-dire unialguale et d'espèces absolument pures, sans donner d'indication sur les cultures qui étaient soi-disant pures ou celles qui étaient contaminées. Ce manque de précision est très inquiétant. Il serait en tous cas bien intéressant que de telles cultures soient fournies aux laboratoires ou chercheurs s'intéressant aux cultures pures, pour un examen contradictoire.

Richter (1913) donne une vue d'ensemble sur la question de la culture pure au point de vue botanique, nous avons déjà causé de ce travail de compilation d'intérêt théorique, utile à consulter.

Spargo (1913) étudia le genre *Chlamydomonas*, nous n'avons pas vu ce travail et ne pouvons rien dire sur la pureté des cultures.

Treboux (1913) étudia une quarantaine d'Algues dans leur comportement vis à vis de toute une série de corps organiques. Il affirme avoir opéré en l'absence de bactéries, on peut en douter en considérant le poids minime des récoltes pesées qu'il obtint.

G. M. Smith (1914), étudiant les formes des colonies d'algues, donne des indications sur les cultures à réaliser. Il distingue les cultures unialgales et les cultures pures. Il a obtenu ces dernières pour *Scenedesmus aculus, S. quadricauda. Dactylococcus infusicnum* et *Tetradesmus wisconsinensis*.

Glade (1914) reconnaît qu'il n'a pas pu éliminer les bactéries dans ses cultures de *Cylindrospermum*, il suivit les méthodes de Pringsheim. Les souches unialguales qu'il obtint servirent à Maertens (1914) pour l'étude du développement des Cyanophycées en liquides minéraux.

Plümecke (1914) étudie la physiologie de l'alimentation de *Gonium pectorale* en fleur d'eau.

Pringsheim (1914) étudie à son tour *Hæmatococcus pluvialis*. Il confirme les recherches de Jacobsen (1913) et prétend avoir obtenu des cultures pures.

Schramm (1914 a) étudie les méthodes de culture pure des Algues et constate les grandes difficultés que présente la réalisation des cultures pures. L'emploi de cultures pures permit à Schramm (1914 b) de constater que les algues vertes n'assimilent pas l'azote atmosphérique.

Uhlir (1914) obtint des cultures unialgales de *Nostoc, Tolypothrix*, de *Nostoc*, de *Collema*, en utilisant un éclairage électrique comme source lumineuse. Il faut une certaine humidité. Il n'obtient pas des cultures dépourvues de bactéries.

Foster (1914) cultive *Ulva latuca* dans l'eau de mer pour étudier l'assimilation de diverses matières azotées. Il ne travailla pas en culture pure.

Petersen (1915) étudiant les algues aérophiles en isola quelques unes en culture gélosée. Il ne semble pas qu'il s'agissait de cultures pures mais de cultures unialgales servant à l'analyse systématique des enduits d'algues aériennes.

Kuwada (1916) a obtenu des cultures de *Chlamydomonas* marin qui lui servit pour les études sur la zoosporulation, le phototaxisme et le chimiotaxisme. L'auteur ne donne pas d'informations sur la pureté des cultures, qui reste problématique.

G. M. Smith (1916) développant le sujet qu'il étudia en 1914 a obtenu toute une série de cultures pures dû genre *Scenedesmus*, CHODAT (1926) ne conteste pas la pureté de ces cultures.

HARDER (1917) isole péniblement *Nostoc punctiforme* de *Gunnera* et s'étonne des conclusions de PRINGSHEIM (1913 b) relatives à la minime faculté de nutrition hétérotrophe des Cyanophycés. Au contraire HARDER trouve que le développement de *Nostoc* est meilleur en présence de substances organiques qu'avec milieux inorganiques. HARDER annonce avoir obtenu des cultures pures d'*Anabæna variabilis*. Il ne réussit pas avec *Oscillatoria*, ni *Cylindrospermum*.

HARTMANN (1917) étudie des cultures unialgales d'*Eudorina elegans*, études qu'il complète en 1921.

NAKANO (1917) insistant avec raison sur les cultures pures, isola en l'absence de microbes : *Chlorella vulgaris* var. *lutescens*, *Stichococcus bacillaris* var. *viridis*. *Scenedesmus obliquus* var. *nonliquefaciens*, *Chlorosphæra putrida* et *Chlamydomonas Koishikovensis*. NAKANO étudia longuement la physiologie et la biologie de ces Algues. Il fait une revue consciencieuse des faits acquis.

HARTMANN (1917) étudie *Eudorina elegans* qu'il a longtemps cultivée (2 ans ½) à l'état agame. Il s'agit de cultures unialguales.

PRINGSHEIM (1918) explique la façon d'obtenir des cultures unialgales de Desmidiées. La plupart des espèces qu'il obtint sont des « Species-reinkulturen ». Il ne s'agit pas ici de cultures pures.

HARTMANN (1918) cultive *Chlorogonium elongatum* mais signale que si ÖHLER obtint cette culture sans bactéries, il n'est pas nécessaire pour une étude cytologique d'avoir des cultures pures et que d'ailleurs les souches sur gélose (à base de liquide de KNOP) et en milieux liquides ne renferment que quelques microbes. Il apparaît que pour cet auteur la nécessité absolue de la pureté des cultures n'est pas indispensable. Ce sont les idées de Klebs rajeunies.

LIMBERGER (1918). Nous n'avons pas lu ce travail qui traite de la culture des Zoochlorelles de Turbellariés.

MOORE et KARBER (1919) étudient par analyse culturale les algues vivant dans la terre. Il ne s'agit pas de cultures pures.

KUFFERATH (1919 a et b) donne quelques indications sur la forme des colonies d'algues d'eau douce et marines sur gélose. Il ne s'agit pas de cultures pures dans ce travail, de nature préliminaire.

BRISTOL (1920) fait l'analyse de la flore des algues du sol par culture de terre en milieu nutritif. De nombreuses espèces furent ainsi récoltées et décrites.

LINKOLA (1920) n'a pu obtenir de culture de *Nostoc*, gonidies de *Peltigera*, sans bactéries associées, ni même sans moisissures ou algues vertes. Cet auteur parlant des cultures pures ne cite guère que des travaux de l'école de PRINGSHEIM mais semble ignorer ceux de CHODAT et de ses élèves.

BORESCH (1920 et 1921) fait des constatations intéressantes sur la coloration de *Phormidium Retzii* Gom. var. *nigroviolacea* W. dépendant de la présence de sels de fer et de l'alimentation azotée. Mais les essais ne résultent pas d'études sur des cultures absolument pures.

VISCHER (1920) étudie le polymorphisme d'*Ankistrodesmus Braunii* ; n'ayant pas pu nous procurer ce travail, nous ne savons s'il s'agit de cultures pures.

Nous avons déjà signalé notre étude (1920 a) sur *Porphyridium cruentum* cultivé en culture pure. La même année (1920 b et c) nous avons publié deux notes physiologiques sur diverses algues cultivées en cultures pures : *Chlorella luteoviridis* Ch. var. *lutescens*, *Chlorella vulgaris* Beyer., *Oocystis* spec., *Oocystis Nægelii* A. Br., *Hormidium flaccidum* (K.) Br. f. *nitens* Chodat, *H. dissectum* (Gay) Chodat, *Hormidium lubricum* Chodat, *Stichococcus lacustris* Chodat, *St. membranæfaciens* Chodat, *St bacillaris* Næg., *Chlamydomonas intermedia* Chodat, *Chlorococcus viscosus* Chodat. Toutes ces cultures, absolument pures, ont été envoyées à l'algothèque de CHODAT où elles ont été examinées contradictoirement. Ces diverses algues ont été étudiées sur gélatine plus ou moins concentrée et en solutions osmotiques, inorganiques et sucrées.

Les indications fournies par CUNNINGHAM (1921) se rapportent à des cultures unialguales de Diatomées sur gélose aux sels nutritifs.

GEITLER (1921) obtint des cultures impures de *Nostoc punctiforme* var. *populorum* sur gélose, plâtre et porcelaine ; d'autres *Nostoc* furent aussi obtenus. Tout au plus s'agit-il de cultures unialgales.

VON WETTSTEIN (1921) utilise la gélose à la tourbe pour l'isolement de nombreuses espèces d'algues. L'auteur obtint ainsi des cultures d'une espèce et il ajoute : des cultures absolument pures sont très difficiles à réaliser mais n'y a là rien qui doive arrêter des systématiciens. Les cultures obtenues par VON WETTSTEIN sont unialgales.

HARTMANN (1921) a des opinions analogues à celles de l'auteur précédent au sujet de la pureté des cultures. Par lavages répétés de colonies d'*Eudorina elegans* il parvint à se débarrasser des Protococcales mais non des bactéries ou des petits Flagellates (*Prowazeckia*). Il ajoute d'ailleurs que ces organismes ne nuisent pas et ne se multiplient guère dans les solutions nutritives qu'il utilise (liquide de Knop ou de Benecke).

PRINGSHEIM (1921 a et b) applique les principes de culture aux mousses et à divers Flagellates (*Polytoma, Astasia, Chilomonas*), d'après les méthodes qu'il utilise pour les algues.

BELAR (1921) utilisa le liquide de Knop pour l'étude en culture de divers Thécamœbiens, pour lesquels il y a association bactérienne et alimentation avec des cultures impures de *Gonium pectorale*. Il ne s'agit dans de telles conditions de cultures grossières d'organismes intéressants et il semble abusif de les qualifier de « Reinkulturen ».

Les mêmes remarques s'adressent aux cultures mixtes de *Paramœcium* réalisées par JOLLOS (1921), on voit d'ailleurs que JENNINGS et WOODRUFF avaient déjà expérimenté avec ces infusoires.

ROACH (1923) fit des études physiologiques sur les Algues du sol, sans avoir pu nous procurer ce travail.

MÜNSCHER (1923) qui semble ignorer les travaux de CHODAT et les nôtres, fait des expériences sur la nutrition azotée d'une *Chlorella* de Wann, dont la pureté bactériologique fut éprouvée. Cet auteur est peu documenté sur les travaux autres que ceux publiés en Amérique. WANN (1921) étudia la fixation de l'azote libre par la Chlorelle précédente.

HARDER (1923) étudie comme « Speziesreinkultur », c'est-à-dire pas à l'état de pureté absolue, un *Phormidium foveolarum* et fait sur cette Cyanophycée diverses expériences d'assimilation en lumière colorée.

DÖFLEIN (1923) signale incidemment qu'il a pu créer en culture une race incolore de la Chrysomonadine : *Ochromonas granularis*, mais ne donne aucun détail sur les conditions réalisées dans ce but.

FREUND (1923) étudie *Oedogonium pluviale* mais à la façon de KLEBS, sans garanties de pureté absolue.

BELAR (1923 et 1924) opère, pour des recherches sur *Actinophrys Sol*, dans des conditions très éloignées des cultures vraiment pures. Cet organisme, d'ailleurs maintenu dans des conditions très relatives de pureté reçoit comme aliment des cultures de *Gonium pecto-*

rale ou de *Chlorogonium euchlorum* elles-mêmes non débarrassées de bactéries. L'auteur indique qu'il a soin de ne jamais préparer plus de 5 jours à l'avance les liquides nutritifs qu'il utilisa (solutions de Knop et de Benecke) vu le développement des Chlorelles. De telles conditions expérimentales sont des plus criticables.

La même critique peut s'adresser aux expériences de HARTMANN (1924) avec des clones d'*Eudorina elegans* et de *Gonium pectorale*.

KNOCKE (1924) n'obtint pas de cultures pures de *Volvox aureus*, les gelées de cette algue renferment toujours des bactéries. Cet auteur ignore vraisemblablement les travaux de CHODAT.

Nous n'avons pas vu le travail de MAINX (1924) sur la culture et la physiologie de quelques Euglènes. Il en est de même des publications de CZURDA (1924 et 1925) sur la « Reinkultur » des Conjuguées.

GENEVOIS (1924) isola diverses zoochlorelles de Turbellariés. Ces chlorelles et d'autres servirent à d'intéressantes études physiologiques sur les colorations vitales et la respiration (1928).

Nous n'avons pas non plus eu connaissance de la note de PEACH et DRUMMOND (1924) sur la culture d'une *Nitzschia* marine en eau de mer artificielle.

GEITLER (1925) donne quelques indications sur les méthodes de culture des Cyanophycées, et signale qu'on en obtient assez aisément des cultures unialgales (« Speziesreinkulturen »).

BETHGE (1925) signale l'intérêt que présentent les cultures pures pour l'étude de la sporulation de *Melosira*, mais n'a pu obtenir de résultats. On sait que MIQUEL vers 1890 réussit à obtenir en cultures unialgales la formation d'auxospores pour cette Diatomée.

SCHILLER J. (1925) aurait obtenu des cultures de Coccolithophoracées. Nous n'avons pas vu ce mémoire.

COWARD (1925) signale la synthèse de la vitamine A par *Chlorella*. Il est évident qu'un tel travail n'est intéressant que s'il est basé sur des cultures absolument pures. Nous n'avons pu lire cette courte note.

USPENSKY et USPENSKAJA (1925) ont cultivé *Volvox globator* et *V. minor* en liquide nutritif et étudié l'action des sels de fer sur leur développement. Bien que ces auteurs disent avoir obtenu des cultures de ces algues absolument pures, il résulte de leur exposé que la majorité de leurs expériences n'a pas rempli ces conditions.

PRAT (1925) obtint à partir d'enduits d'algues sur rochers calcaires des cultures unialgales de Cyanophycées variées.

PASCHER (1925) donne quelques renseignements sur les rares

cultures d'Hétérokontæ. Il s'en réfère sur ce point aux cultures pures de CHODAT et signale la culture de ces algues dans les liquides prélevés dans la nature. Il n'y a pourtant là aucune indication bien précise.

SCHREIBER (1925) a obtenu *Eudorina elegans* et *Gonium sociale* en cultures pures dépourvues de bactéries. Il cultiva aussi *Pandorina morum* mais non en culture pure. Il utilisa le liquide de Knop légèrement modifié.

SAUVAGEAU (1925) cultive en eau de mer une Algue phéosporée épiphyte, le *Strepsithalia Liagoræ;* il s'agit de cultures impures non débarrassées de microbes.

DENIS (1925-1926) passe en revue les travaux publiés pendant la dernière période décennale sur la culture des algues et distingue les diverses tendances qui ont prévalu dans ce domaine.

MOORE et CARTER (1926) étudient par la méthode des cultures la flore souterraine, ces auteurs ne donnent pas d'indications sur la pureté des cultures qu'ils obtinrent.

GOETSCHE et SCHEURING (1926) étudient les chlorelles parasites de divers animaux et les cultivent en liquide de Benecke. Ils ont pu réinfecter les moules avec certaines cultures, mais nous ne savons si elles étaient pures bactériologiquement, ce qui est primordial. La présence de microbes peut en effet causer des influences perturbatrices à la faveur desquelles les Chlorelles peuvent parasiter les animaux. La démonstration de la pureté absolue des cultures n'a pas été faite.

GEMEINHARDT (1926) a fait des essais de cultures unialgales de *Synedra ulna* mais ne parvient pas à éliminer les Bactéries.

CZURDA (1927) annonce des cultures absolument pures de *Cosmarium Botrytis, Zygnema* spec. et *Z. peliosporum,* de *Spirogyra varians* sans bactéries (bakterienfrei !) et diverses Conjuguées en culture impure.

MAINX (1927) a cultivé *Eremosphæra viridis* comme Spezies Reinkultur mais n'a pu se débarrasser des bactéries qu'en découpant la membrane entamant l'algue. Ce n'est qu'à la suite de ces essais qu'il obtint des cultures absolument pures.

KOLBE (1927) signale avoir obtenu *Gomphonema gracile* var. *auritum* en culture sans microbes associés.

BACHRACH (1927) tente d'obtenir des cultures pures de Diatomées et fait remarquer que certains auteurs ont appelé cultures pures des

cultures qui n'étaient pas bactériologiquement pures. Cet auteur n'a
pas encore pu se débarrasser des bactéries.

PASCHER (1927) donne des indications générales relatives à la
réalisation des cultures de Volvocales.

Les indications que fournit HUSTEDT (1927) sur les cultures de
Diatomées sont assez sommaires et d'intérêt bibliographique.

Pour les cultures pures de Mousses et d'Hépatiques on trouvera
des indications techniques utiles dans les travaux de SERVETTOZ (1912),
UBISH (1913) et LILIENTHAL (1927) ainsi que dans le travail classique
de EL. et EM. MARCHAL. L'intérêt de ces cultures réside dans le fait
que très souvent nous voyons dans la nature des associations caractéristiques d'Algues et de Mousses, etc., associations qu'il serait
intéressant de reproduire expérimentalement.

Nous venons de parcourir à peu près tout ce qui a été publié
sur la culture des Algues de 1890 et 1927. Déjà l'examen de la littérature montre combien on s'abuse sur la culture pure et la confusion
de plus en plus grande entre les cultures bactériologiquement pures
et les cultures unialgales.

Il est vrai de dire qu'il est bien difficile d'obtenir des cultures
pures. Réussir des cultures unialgales ne présente en général pas
de difficultés essentielles ; le plus malaisé est de maintenir en vie
les algues associées à des bactéries ou d'autres organismes, ce que
les Allemands dénomment des Reinkulturen. Il est très humain
d'éviter les grands efforts et d'aller au plus facile.

Mais il y encore d'autres raisons expliquant, mais n'excusant
pas, les confusions des chercheurs. En effet n'appelle-t-on pas cultures des choses totalement différentes et dépendant de disciplines
qui ont chacune leurs exigences ?

Pour un bactériologiste, et nous en sommes, le terme de culture
implique la pureté parfaite des souches. Pour les botanistes, suivant
des errements séculaires le mot de culture signifie la multiplication
et la conservation d'un organisme avec le but de déterminer ses caractéristiques morphologiques, cytologiques et évolutives. Cette dernière façon de concevoir l'algologie expérimentale a rendu de grands
services, elle en fournira certainement encore. Mais, que ses partisans le veuillent ou non, elle finira par adopter les seules méthodes

stricles et exigeantes de la technique bactériologique appliquée aux algues. Cette technique est la seule correcte. Si elle n'a pas atteint le degré de développement dont elle est susceptible, on ne peut en tirer argument contre elle.

Pour la résolution des problèmes physiologiques, et tout spécialement ceux de la nutrition des Algues ,il n'y a plus de discussion. Même les adversaires les plus résolus doivent convenir que les expériences faites avec des cultures infestées d'autres germes que les Algues n'ont aucune signification. Il suffira de parcourir l'analyse des travaux que nous venons de passer en revue pour voir qu'il y a tout au plus une dizaine de travaux dignes de figurer dans la physiologie alimentaire des algues. La nutrition par les corps organiques a été la plus étudiée — au contraire, et cela semble paradoxal, l'assimilation des substances inorganiques par les algues n'est pas basée sur l'étude de cultures pures. Tous les travaux fondamentaux sur ce sujet ont été exécutés avec des cultures unialgales.

Il est à remarquer que le nombre d'espèces d'algues isolées en culture pure n'appartiennent qu'à un très petit nombre de genres ; citons parmi les principaux : *Chlorella, Scenedesmus, Oocystis, Hormidium, Stichococcus* et parmi les Volvocacées *Chlamydomonas.*

Ces espèces, assez robustes, se prêtent facilement aux cultures artificielles. Mais à côté d'elles, il y a tout le monde des Algues d'eau douce et marines qui n'a guère été abordé. Il y a là beaucoup de choses à trouver.

Au point de vue terminologie, il faudrait faire cesser la confusion profonde que l'on rencontre dans la littérature et n'appeler CULTURE PURE que celle qui répond à des conditions strictes de pureté. On pourrait éviter toute discussion en appliquant le terme de CULTURE UNIALGALE à celles qui ne renferment qu'une seule espèce d'algue. Les autres distinctions faites par les auteurs germaniques sont peut-être intéressantes à un point de vue technique. Il nous semble peu logique d'admettre en compagnie des cultures pures, et même des cultures unialgales, des accumulations plus ou moins impures d'algues, même si ces masses doivent servir à des triages et n'être que des étapes pour l'isolement définitif.

Il est évident que l'algologie expérimentale par cultures suivra un développement comparable à celui de la bactériologie. Pendant toute la période des débuts bactériologiques on n'employa que les milieux au bouillon de viande, on réussit par ce moyen l'isolement d'un grand nombre de germes. Plus tard, grâce à des milieux spéciaux. le sérum coagulé, les milieux au sang, on parvint à cultiver des microbes et protozaires les plus difficiles et les plus variés. La culture du Bacile typhique, celle des Trypanosomes et des Spirochètes, celle des virus invisibles marquent le chemin parcouru.

De même, la culture d'Algues arrivera à perfectionner ses méthodes, étendre son action et ses moyens et ne se bornera pas seulement aux espèces robustes déjà conquises pour la science.

En attendant que ce programme copieux de la culture pure des Algues soit réalisé, doit-on pour cela négliger les cultures unialgales, malgré leurs imperfections et leurs incertitudes ? Non évidemment. Mais ce que l'on doit éviter, et ce qui ne le fut malheureusement pas toujours, c'est de vouloir présenter comme définitifs des résultats aussi incertains et précaires, toujours discutables tels que ceux obtenus avec des cultures unialgales. Et ce n'est pas diminuer la culture pure que de laisser la place à des techniques imparfaites, qui ne sont en somme qu'un stade de notre pénible ascension vers la perfection.

C'est pour cela que, tout en accordant à la culture pure la place qui lui revient, nous croyons qu'il n'est pas inutile de dire un mot des méthodes suivies pour l'obtention des cultures unialgales. Sans s'illusionner sur leur valeur abolue, elles portent en elle un enseignement que l'on ne peut négliger.

MILIEUX NUTRITIFS UTILISÉS
POUR LA CULTURE DES ALGUES

De nombreuses formules de liquides et milieux nutritifs ont été données par les auteurs. Avant de les discuter, nous donnerons les formules préconisées pour la culture des Algues ; elles sont parfois difficiles à retrouver. Il ne sera pas inutile de les reproduire ici, cela évitera aux travailleurs des recherches pénibles et leur permettra de varier les expériences.

En général pour les algues, la base des milieux est fournie par des solutions liquides de sels solubles. Le milieux solides sont constitués : soit par simple addition de gélose ou de gélatine, soit par imprégnation de corps poreux tels que la porcelaine, le papier à filtrer, etc.

Nous donnons une liste des solutions nutritives en les classant par ordre alphabétique des noms d'auteurs et en groupant autour de certains milieux classiques, les variantes et modifications qu'ils ont subies à la suite de recherches nouvelles. Quand les auteurs l'ont indiqué, nous avons utilisé les formules chimiques. Nous donnons à titre d'indication la concentration totale en sels du milieu, calculée pour 1000 centimètres cubes.

Après avoir donné les milieux tels que les auteurs nous les ont indiqués, nous les examinerons à un point de vue général.

Milieux d'Andreesen (1909)

Voir modification du liquide nutritif de Beijerinck.

Milieux d'Artari

Cet auteur a donné de nombreuses formules de liquides nutritifs. Ils diffèrent entre eux assez considérablement.

ARTARI (1902 b)

Eau .... 100.0 cc			Eau .... 100.0 cc		
NO^3 NH^4........... 0.5 %			PO^4 KH^2........... 0.3 %		
PO^4 KH^2........... 0.2			SO^4 Mg........... 0.1		
SO^4 Mg........... 0.1			Ca Cl^2........... 0.1		
Ca Cl^2........... 0.1			Fe^2 Cl^6........... traces		
Fe^2 Cl^6........... traces			Corps azotés organ.. 0.5 %		
Hydrates de Carbone 1 %					
Concentration. 10,0 p. 1000			Concentration. 10,0 p. 1000		

ARTARI (1904)

Eau .... 1000 cc			Eau .... 100.0 cc		
NO^3 NH^4........... 10 gr.			NO^3 NH^4........... 1.0 %		
PO^4 KH^2........... 3			PO^4 KH^2........... 0.2		
SO^4 Mg........... 1			SO^4 Mg........... 0.1		
Ca Cl^2........... 0.5			Ca Cl^2........... 0.025		
Fe Cl^3........... traces			SO^4 Fe........... traces		
Glucose .... 20 gr.			sucres		
Conc. 34.5 p. 1000 à diluer 1 ; 1/2 ; 1/4 ; 1/8 ; 1/16 ; 1/32.			sans sucres. 0.323 p. 1000		
Concentration 0/00 34.5 ; 17.75 8.625 ; 4.312 ; 2.150 ; 1.08.					

```
Eau ................ 100.0 cc
PO⁴ KH² ............ 0.3 %
SO⁴ Mg ............. 0.1
Ca Cl² ............. 0.05
SO⁴ Fe ............. traces
Cᵗⁱᵒⁿ matières azotées   1 %
Cᵗⁱᵒⁿ s. mat. azotées   0.045%
Cᵗⁱᵒⁿ avec idem ......  0.145
```

ARTARI (1913)

Eau	100.00 cc	Eau	1000.00 cc
NO³ K	0.25 %	NO³ K	2.50 gr.
PO⁴ KH²	0.05	(NO³)² Ca	0.01
SO⁴ Mg	0.025	PO⁴ KH²	0.20
Fe² Cl⁶	traces	SO⁴ Mg	0.25
Gelose lavée		Alun de fer	0.002
Concentration p. 1000	0,0325	Glucose	10.000
		Cᵗⁱᵒⁿ avec sucre.	12,962 p. 1000
		Cᵗⁱᵒⁿ sans sucre.	2,962 p. 1000

ARTARI (1913) p. 147

```
Eau ............... 1000 cc
NO³ NH⁴ ........... 2.50 gr.
(NO³)² Ca ......... 0.01
PO⁴ K²H ........... 0.30
SO⁴ Mg ............ 0.25
Alun de fer ....... 0.003
Glucose ........... 10.00
Cᵗⁱᵒⁿ avec sucre.  13,063 p. 1000
Cᵗⁱᵒⁿ sans sucre.  3,063 p. 1000
```

ARTARI (1913) p. 418 pour *Chamydomonas* — ARTARI (1913) p. 419 pour diverses Algues.

Eau		1000 cc	Eau		1000 cc
NO³ K ou SO⁴ (NH⁴)².	2.5	à 3.0 gr.	NO³ K	2.5	à 3.0 gr.
(NO³)² Ca		0.01	(NO³)² Ca.		0.01
PO⁴ KH² (ou PO⁴ K²H)	0.2	à 0.3	SO⁴ Na²		0.20
SO⁴ Mg	0.25	à 0.3	PO⁴ KH³ ..	0.20	à 0.50
Na Cl	0.01	à 0.1	Mg Cl²		0.05
Alun de fer	0.001	à 0.005	Alun de fer	0.001	à 0.005
Concentration.	2,971	à 3,715	Concentration	2,961	à 4,265

Artari (1913) p. 438 pour *Chlamydomonas*

	Solut. 1/1	Solut. 1/2	Solut. 1/4	Solut. 1/8	Solut. 1/16
Eau	1000 cc	1000 cc	1000 cc	1000 cc	1000 cc
$NO^3 NH^4$.....	5.00 gr.	2.50 gr.	1.25	0.6250	0.3125
$(NO^3)^2 Ca$....	0.01	0.005	0.0025	0.0012	0.0006
$PO^4 KH^2$.....	1.00	0.500	0.2500	0.1250	0.0627
$SO^4 Mg$......	0.25	0.125	0.0625	0.0312	0.0160
Na Cl.......	0.01	0.055	0.0025	0.0012	0.0006
Alun de fer.	0.005	0.0025	0.0012	0.0006	0.0003
Concentration					
p. 1000....	6.275	3.1375	1.5687	0.7842	0.3927

Les solutions 1/8 et 1/16 sont moins favorables que celles plus
concentrées.

Liquide d'Artari
d'après Behrens (1908),
Dop et Gautié (1909)
et Lemmermann (1910).

Eau	100 gr.
$NO^3 NH^4$.............	0.25 gr.
$PO^4 K^2H$...........	0.10
$SO^4 Mg$.............	0.025
$Fe^2 Cl^6$.............	traces
Concentration p. 1000	0,0375

Liquide d'Artari
d'après Nakano (1917).

Eau	100 gr.
$NO^3 NH^4$.............	0.25
$PO^4 KH^2$ ou $PO^4 K^2H$	0.20
$SO^4 Mg$.............	0.025
$Fe^2 Cl^6$.............	traces
Concentration p. 1000	0,0475

Liquide d'Artari
modifié par Nakano (1917) p. 43

Eau	100 gr.
$PO^4 K^2H$...........	0.1 gr.
$Fe^2 Cl^6$.............	traces
$So^4 Mg$.............	0.025
Glucose	1.0 %
Matières azotées....	0.5
Urée	0.1
Concentration p. 1000	0,1625

Liquide d'Artari modifié par

NAKANO (1917), p. 48		NAKANO (1917), p. 34	
Eau.	100 gr.	Eau.	100 gr.
NO^3 NH^4	0.25 gr.	NO^3 NH^4	1.0 gr.
PO^4 KH^2	0.20	K Cl	0.25
SO^4 Mg	0.025	PO^4 K^2H ou PO^4 KH^2	0.25
Fe^2 Cl^6	traces	SO^4 Mg	0.25
Hydrates de C	1.00	Glucose	1.00
Concentration p. 1000.	0,1475	Concentration p. 1000..	0,275
Concentration s. sucre.	0,0475	Concentration s. sucre.	0,175

Liquide d'Artari modifié par RICHTER (1913)

pour essais de matières azotées   pour essais av. matières carbonées

		Eau.	100 gr.
		NO^3 NH^4	0.5 gr.
Eau.	100 gr.		
PO^4 KH^2	0.3 gr.	PO^4 KH^2	0.2
SO^4 Mg	0.1	SO^4 Mg	0.1
Ca Cl^2	0.1	Ca Cl^2	0.1
Fe^2 Cl^6	3. (?)	Fe^2 Cl^6	traces

peptone		erythrite	
asparagine		mannite	
tartrate d'Am.		dulcite	
leucine	0.5 gr.	lactose	1.0 gr.
SO^4 $(NH^4)^2$		glucose	
NO^3 NH^4		saccharose	
NO^3 K		etc.	

Concentration p. 1000..	0,40	Concentration p. 1000..	0,19
Sans corps organiques..	0,35	sans corps organiques..	0,09

Milieux de Beijerinck

Le célèbre savant hollandais a donné de nombreuses formules de milieux liquides pour la culture des algues. Ces formules (1890 à 1893) ont été plus ou moins modifiées par divers chercheurs.

BEIJERINCK (1890)

Eau de Canal...... 100 gr.
Gélatine ...... 8 ou 10 gr.

BEIJERINCK (1891)

Eau .... 90.0 gr.
NO^3 NH^4........... 0.5 gr.
Phosphate de K..... 0.5
Gélatine liquifiée par
pancréas 1.0
Gélatine 8.0

BEIJERINCK (1893)

Eau .... 100 gr.
NO^3 NH^4........... 0.2 gr.
PO^4 K^2H........... 0.05

Liquide pour Cyanophycées

voir BEHRENS (1908) p. 145,
JACOBSEN (1910).
Eau ordinaire.... 1000.00 gr.
PO^4 K^2H........ 0.02

Milieu de Beijerinck

(formule originale).

Eau .... 100 gr.
NO^3 NH^4........... 0.05 gr.
PO^4 K^2H........... 0.02
SO^4 Mg........... 0.02
Ca Cl^2........... 0.01
Gelose lavée........ 3.00
Concentration p. 1000.. 0,010

Milieu de Beijerinck

d'après BEHRENS (1908), DOP et
GAUTIÉ (1909), LENMERMANN (1910).
Eau .... 100 gr.
NO^3 NH^4........... 0.05 gr.
PO^4 KH^2........... 0.02
SO^4 Mg........... 0.02
Ca Cl^2........... 0.01
SO^4 Fe .... traces
Concentration p. 1000.. 0,010

Milieu de Beijerinck composé d'après ANDREENSEN (1909)

NO^3 NH^4........ 5 parties
PO^4 KH^2........ 2 parties
SO^4 Mg......... 2 parties
Ca Cl^2.......... 1 partie
} 10 parties de sels à diluer aux concentrations de 0.01 à 1.0 p. cent.

Concentration p. 1000...... 0,001 à 0,100

Liquide nutritif de Bessil

GAIN (1905-1910) a pu cultiver et ramener pour l'étude des algues vertes de la neige provenant des régions antarctiques dans le milieu suivant :

	Solution mère à diluer au vingtième	Solution prête à l'emploi
Eau distillée....	972.5 gr.	1000
$(NO^3)^2$ Ca.......	10.0	0.5
NO^3 K..........	10.0	0.5
SO^4 Mg.........	2.5	0.125
K Cl............	2.5	0.125
$(PO^4)^2$ HCa.......	2.5	0.125
Fe^2 Cl^6..........	traces	traces
Concentration. ...	27.5	1.375

Liquides de Benecke

Formules d'après VON WETTSTEIN (1921), HARTMANN (1921) et GEITLER (1925), pour Cyanophycées.

Eau.	1000 gr.
NO^3 NH^4.............	0.2 gr.
PO^4 K^2H.............	0.1
SO^4 Mg.............	0.1
Ca Cl^2..............	0.1
Fe^2 Cl^6 (sol. à 1 p. 100)	1 goutte
Concentration p. 1000....	0,5

Formule d'après KNOKE (1924).

Eau.	100.00 gr.
NO^3 NH^4...........	0.010 gr.
PO^4 K^2O..........	0.005
SO^4 Mg...........	0.005
Ca Cl^2.............	0.005
Fe^2 Cl^6 ($\times$)........	traces
Concentration p. 1000.	0,0025

($\times$) 1 goutte de solution officinale pour 1500 cc.

Ce milieu de réaction alcaline a été utilisé par GOETSCH et SCHENRING (1926) et par HARTMANN (1921 et 1924).

Liquides de Birner et Lucanus

Cette composition signalée par KUSTER (1913) est un milieu général pour les végétaux, il n'a pas été essayé à notre connaissance pour les Algues.

Eau	1000 gr.
NO^3 K.............................	1.5 gr.
Phosphate acide de K..............	1.0
SO^4 Mg..............................	0.5
Phosphate acide de fer.............	1.1
Concentration p. 1000................	4.1

Liquide nutritif utilisé par Bristol (1920)

Eau .... 1000 cc
NO^3 Na............................... 1.0 gr.
$PO^4 KH^2$............................... 1.0
SO^4 Mg............................... 0.3
Ca Cl^2............................... 0.1
Na Cl............................... 0.1
$Fe^2 Cl^6$............................... traces
Concentration p. 1000................. 2.5

Dans les essais de BRISTOL, ce milieu a été utilisé également en le diluant avec une égale quantité d'eau (1000 cc) distillée ou d'eau de pluie.

Liquides nutritifs de Charpentier

CHARPENTIER (1903 a et 1903 b) utilisa pour la culture expérimentale de *Cystococcus humicola* diverses formules.

Milieu nitraté (1903 a et b).   Milieu à nitrate de Ca (1903 a)

Eau	1000 gr.	Eau	1000 gr.
NO^3 K..............	2.0 gr.	$(NO^3)^2$ Ca..........	1.0 gr.
NO^3 Ca.............	0.05	PO^4 K^2H	2.0
PO^4 K^2H...........	2.00	SO^4 Mg............	1.0
SO^4 Mg...........	1.00	Sulfate ferreux.....	0.05
Sulfate ferreux.....	traces	Glucose	10.00
Glucose	10.00	Concentration p. 1000	
Concentration p. 1000		avec sucre........	15,05
avec sucre	15,05	sans sucre	4,05
sans sucre	5,05		

Milieu ammoniacal (1903 a)

Eau	1000 gr.	Sulfate ferreux.....	traces
SO^4 $(NH^4)^2$..........	0.5 gr.	Glucose	10.00
PO^4 K^2H..........	2.0	Concentration p. 1000	
SO^4 Mg...........	1.0	avec sucre	13,523
Ca Cl^2.............	0.023	sans sucre	3,523

<table>
<tr><td colspan="2">Milieu à azote organique
(1903 a)</td><td colspan="2">Liquide pour milieux gélosés
(1903 b)</td></tr>
<tr><td>Eau ....</td><td>1000.0 gr.</td><td>Eau ....</td><td>1000 gr.</td></tr>
<tr><td>Asparagine ou pep-</td><td></td><td>(NO³)² Ca............</td><td>2.0 gr.</td></tr>
<tr><td> tone ....</td><td>1.80 gr.</td><td>PO⁴ K²H.............</td><td>2.0</td></tr>
<tr><td>PO⁴ K²H............</td><td>2.00</td><td>SO⁴ Mg.............</td><td>1.0</td></tr>
<tr><td>SO⁴ Mg............</td><td>1.00</td><td>Saccharose ....</td><td>10.0</td></tr>
<tr><td>Ca Cl²..............</td><td>0.10</td><td>Concentration p. 1000</td><td></td></tr>
<tr><td>Sulfate ferreux.....</td><td>0·05</td><td>avec sucre...........</td><td>15.0</td></tr>
<tr><td>Glucose ....</td><td>10.00</td><td>sans sucre...........</td><td>5.0</td></tr>
<tr><td>Concentration p. 1000</td><td></td><td></td><td></td></tr>
<tr><td>avec sucre..........</td><td>14.95</td><td></td><td></td></tr>
<tr><td>sans sucre..........</td><td>4.95</td><td></td><td></td></tr>
</table>

Liquides nutritifs de Cohn

Ces liquides servent spécialement, d'après STRASBURGER (1902), pour la culture des bactéries, ils se rapprochent de quelques liquides pour Algues.

<table>
<tr><td colspan="2">d'après STRASBURGER (1902)</td><td colspan="2">d'après DOP et GAUTIÉ (1909)</td></tr>
<tr><td>Eau distillée.........</td><td>200 gr.</td><td>Eau distillée ......</td><td>200 gr.</td></tr>
<tr><td>Phosphate acide de K</td><td>1.0</td><td>Phosphate de K ...</td><td>1.0</td></tr>
<tr><td>SO⁴ Mg..............</td><td>1.0</td><td>SO⁴ Mg ....</td><td>1.0</td></tr>
<tr><td>Ca Cl²..............</td><td>0.1</td><td>Phosph. tricalcique.</td><td>0.1</td></tr>
<tr><td>Tartrate neutre d'Am..</td><td>2.0</td><td>Après dissolution</td><td></td></tr>
<tr><td></td><td></td><td> ajouter tartrate</td><td></td></tr>
<tr><td></td><td></td><td> d'ammoniaque ..</td><td>2.0</td></tr>
<tr><td>Concentration p. 1000.</td><td>2·05</td><td>Concentrat. p. 1000.</td><td>2.05</td></tr>
</table>

Liquides nutritifs de Conrad

La première formule (1916) a été donnée pour la culture de *Tra-chelomonas*, la seconde nous a été communiquée par W. CONRAD et est à considérer comme une modification du liquide de Sachs.

pour cultures de *Trachelomonas*   Formule originale
    Conrad (1916)

Eau. .... 1000 cc		Eau. .... 100.0 cc	
$SO^4 (NH^4)^2$............ 0.1 gr.		NO^3 K............. 1.0 gr.	
$PO^4 K^2H$. 0.1		$(PO^4)^6 Ca^3$ 0.5	
SO^4 Mg 0.1		SO^4 Mg............. 0.3	
SO^4 Fe. .... traces		SO^4 Ca............. 0.5	
		Na Cl............. 0.2	
		Si O^3K^2............. 0.2	
		SO^4 Fe·............. traces	
Concentration p. 1000. 0.03		Concentration p. 1000. 2·7	

Liquide de Cunningham

Ce liquide a été essayé par Cunningham (1921) pour la culture de Diatomées. Elle est inspirée du liquide de Moore.

    Eau 1000
    NO^3 NH^4............................. 5. gr.
    PO^4 K^2H............................. 2.
    SO^4 Mg............................. 2.
    Ca Cl^2............................. 1.
    $(SO^4)^3$ Fe^2............................. traces
    Concentration p. 1000................. 10.

Liquide utilisé par Czurda (1927)

Ce milieu a été employé pour la culture de *Spirogyra varicns*.

    Eau 100
    NO^3 K............................ .... 0.02
    PO^4 K^2H............................ .... 0.002
    SO^4 Mg............................ .... 0.001
    SO^4 Fe............................ .... 0.0005
    SO^4 Ca (solut. saturée dans H^2O)...... 0.2
    Concentration pour 1000............. 0.235
ajuster le pH à 6.0.

Milieu de Deschiens (1927) *pour Amibes*

Ce milieu à base d'albumine d'œuf a servi pour la culture d'amibes pathogènes, on pourrait l'essayer pour certains Flagellates. Il est composé comme suit : on fait coaguler en tube incliné à 75 degrés pendant 1 heure 2 centimètres cubes du milieu de DORSET (œuf total additionné de 10 p. 100 d'eau physiologique) ; après coagulation, on recouvre la surface solide avec 1 à 2 cc d'eau physiologique albuminée (blanc d'œuf à 10 pour 100). Le pH pour la réussite des cultures doit être compris entre 7.2 et 7.6. Pour favoriser le développement amibien on ajoute à chaque tube 0,02 gramme d'amidon de riz. Le repiquage des souches doit être fréquent et fait avec les précautions données par l'auteur.

Liquide de Detmer et ses modifications

Ce liquide nutritif inorganique est employé de façon courante par l'école de Genève. Il existe des formules assez semblables, mais différant par leur concentration. Généralement CHODAT et ses élèves utilisent des concentrations de 1/3 à 1/4, mais ce ne sont là que des indications, les dilutions pouvant être plus fortes.

CHALON (1901) donne deux formules du liquide de DETMER. C'est la première qui est d'usage le plus courant et plus ou moins modifiée.

CHALON (1901) p. 14 et NAKANO (1917) ; CHODAT et GRINTZESCO (1900) ; DOP et GAUTIÉ (1909).

CHALON (1901) p. 14

Eau 1000	Eau 1000
$(NO^3)^2$ Ca .... 1.00 gr.	$(NO^3)^2$ Ca .... 1.0 gr.
$PO^4 KH^2$ 0.25	$PO^4 K^3$ 0.5
SO^4 Mg 0.25	SO^4 Mg 0.5
K Cl 0.25	Na Cl 0.5
$Fe^2 Cl^6$ (solution très étendue) ...... quelques gouttes	$Fe^2 Cl^6$ (sol. étend.) qlq gouttes
Concentration p. 1000 1.75	Concentration p. 1000. 2.0

La première formule est employée telle quelle, ou diluée à 1/2, 1/3, 1/4 à 1/10. CHODAT et GRINTZESCO (1900 a) ajoutent éventuellement 2 p. 100 de glycérine.

Chodat (1913) conseille d'ajouter Fe³ Cl⁶ aux doses de 0.005 à 0.02 p. 100 et à l'occasion 0.1 à 0.2 p. 100 de Na Cl. Pour la culture d'*Ankistrodesmus Braunii*, Chodat (1913) utilisa des dilutions de Detmer à 1/20.

Adjaroff (1905) fait une solution très concentrée, qu'il dilue suivant les expériences dans les proportions de 1 p. 1000 à 10 p. 100 en y ajoutant des traces de sel de fer, après dilution.

Solution concentrée :

Eau	1000 cc
$(NO^3)^2$ Ca	57.500 gr.
$PO^4 KH^2$	14.375
SO^4 Mg	14.375
K Cl	14.375
Concentration p. 1000	100.625

Topali (1923) a utilisé la seconde formule de Detmer pour des expériences sur l'assimilation de matières azotées où il remplace le nitrate de potassium par l'un des corps suivants :

Chlorydrate de diméthylamine, 0.9 gr.; glycocolle, 0.67 gr.; leucine, 1.30 gr. ou asparagine, 0.66 gr.

Pour les Phanérogames, Chodat (1907) donne la formule suivante :

Eau	1000 gr.
Nitrate de calcium	1.00 gr.
Phosphate acide de K	0.25
Sulfate de magnésium	0.25
Chlorure de potassium	0.12
Chlorure ferrique ($Fe^2 Cl^6$)	traces
Concentration pour 1000	1.57

Eau de mer et milieux liquides halophiles

Jusqu'à présent, on n'a guère fait d'essais de culture pure d'organismes marins, le sujet est pourtant digne d'intérêt. Les formules d'eau de mer factice que nous donnons ci-dessous sont en usage dans les aquaria ne pouvant disposer d'eau de mer pour l'élevage des poissons et grandes algues marines.

<table>
<tr><td colspan="2">Eau de mer artificielle
CHALON (1901)</td><td colspan="2">Eau de mer factice
MIQUEL (1890-1892)</td></tr>
<tr><td>Eau pure..........</td><td>996.00 gr.</td><td>Eau ordinaire.......</td><td>1000 cc</td></tr>
<tr><td>Na Cl.............</td><td>27.18</td><td>Na Cl..............</td><td>25 gr.</td></tr>
<tr><td>Mg Cl².............</td><td>3.35</td><td colspan="2">Bromure et iodure de</td></tr>
<tr><td>SO⁴ Mg...........</td><td>2.27</td><td>K ou Na.............</td><td>0.1 à 0.2</td></tr>
<tr><td>SO⁴ Ca...........</td><td>1.27</td><td>SO⁴ Mg. ....</td><td>1.0</td></tr>
<tr><td>K Cl.............</td><td>0.61</td><td>Ca Cl².............</td><td>0·5</td></tr>
<tr><td>Br² Mg...........</td><td>0·05</td><td colspan="2">ajouter quelques tiges de pail-</td></tr>
<tr><td colspan="2">Carbonate acide de</td><td colspan="2">le ou des fragments de Fucus ; fil-</td></tr>
<tr><td>chaux ....</td><td>0.04</td><td colspan="2">trer sur bougie Chamberlant.</td></tr>
</table>

<table>
<tr><td colspan="2">Eau de mer factice minéralisée
MIQUEL (1890)</td><td colspan="2">Formule
de l'Institut de Zoologie de Vienne,
d'après STRASBURGER (1902)</td></tr>
<tr><td>Eau douce..........</td><td>1000 cc</td><td>Eau ordinaire......</td><td>50 litres</td></tr>
<tr><td>Sel marin..........</td><td>25 gr.</td><td>Sel marin..........</td><td>1700 gr.</td></tr>
<tr><td>SO⁴ Mg.............</td><td>2</td><td>Mg Cl².............</td><td>160</td></tr>
<tr><td>Mg Cl².............</td><td>4</td><td>SO⁴ Mg............</td><td>100</td></tr>
<tr><td colspan="2">à minéraliser par addition des</td><td>K Io...............</td><td>0.5</td></tr>
<tr><td colspan="2">solutions A et B de Miquel, de</td><td>SO⁴ K².............</td><td>30.0</td></tr>
<tr><td colspan="2">matières organiques (voir Miquel</td><td colspan="2"></td></tr>
<tr><td colspan="2">1890) et de matières azotées.</td><td colspan="2"></td></tr>
</table>

Formules simplifiées pour remplacer l'eau de mer

<table>
<tr><td colspan="2">STRASBURGER (1902)</td><td colspan="2">SAUVAGEAU (1925)</td></tr>
<tr><td>Eau ordinaire..........</td><td>100.0</td><td>Eau de mer............</td><td>1000</td></tr>
<tr><td>Sel marin du commerce.</td><td>3.5 gr.</td><td>NO³ Na................</td><td>1·5 gr.</td></tr>
<tr><td colspan="2"></td><td>Phosphate de Ca.......</td><td>traces</td></tr>
</table>

FOSTER (1914)

<table>
<tr><td>Eau de mer................</td><td>1000</td></tr>
<tr><td>NO³ NH⁴.</td><td>0.001 à 0.0001 Gr. Mol.</td></tr>
<tr><td>ou bien</td><td></td></tr>
<tr><td>Urée ....</td><td>0.005 à 1.01   Gr. Mol.</td></tr>
</table>

Nous avions déjà signalé (1919 a) l'intérêt que pourrait avoir l'addition de nitrates pour la culture de certaines algues monocellulaires marines.

Formule de ZERNECKE (1897)
d'après STRASBURGER (1902) p. 722

Eau pure de source..	25 litr.
Na Cl	633 gr.
Mg Cl²	75
SO⁴ Mg	50
SO⁴ K²	15

Eau de mer artificielle
selon VAN'T HOFF,
d'après KUWADA (1916)

Na Cl 3/8 M	1000 cc
Mg Cl² 3/8 M	78
SO⁴ Mg 3/8 M	38
K Cl 3/8 M	22
Ca Cl² 3/8 M	10

ajouter soit Cl NH⁴ 0.5 p. 1000
NO³ K 1.0 p. 1000

Liquide marin pour Rhodophycées de KILLIAN
d'après KUSTER (1914)

Eau de mer filtrée additionnée de { 1 cc solution B
2 cc solution A

Solution A

Eau distillée	100 gr.
NO³ Na	2
NO³ K	2
NO² NH⁴	1

Solution B

Eau distillée	80 gr.
PO⁴ Na²H	4
Ca Cl²	4
Fe Cl³ cristall	2
H Cl concentré	2

Formules d'après KUSTER (1907) 1ʳᵉ édition

Parc à huître (Paris)
selon E. PERRIER

Eau	3000 cc
Na Cl	78 gr.
Mg Cl²	11
SO⁴ Mg	5
K Cl	3
SO⁴ Ca	3

Formule de Naples

Eau	1000 gr.
Na Cl	30.192
Mg Cl²	3.240
SO⁴ Mg	2.638
K Cl	0.779
SO⁴ Ca	1.605
Fe² O³ (etc)	
CO³ Ca	
(PO⁴)² Ca²	0.080
Si O²	
NH³	0.0001
Nitrates ou nitrites..	traces

Eau de mer modifiée de Duflocq et Lejonne (1898)

A 100 gr. d'eau de mer, on ajoute 275 gr. d'eau distillée et 2.6 gr lactate d'Am. et 0.5 gr. de phosphate d'Am., ou bien 2.5 gr. de lactate d'Am. et 0.82 gr. de phosphate de Na, ou encore 1.0 gr. de nitrate d'Am. et 0.3 gr. de glycérophosphate de chaux. On filtre les milieux qui précipitent abondamment. Géloser.

Ces milieux ont servi à la culture de Bactéries et de Champignons. On pourrait les utiliser pour la culture d'Algues et spécialement marines ou d'eaux saumâtres.

Milieu de Clayton et Gibbs (1927) pour microorganismes halophiles

Préparer un bouillon de poisson : 1 livre de morue hachée dans 1 litre d'eau, laisser digérer, filtrer. Parfaire à 1 litre, ajouter 0.1 % peptone et 20 p. 100 Na Cl. Ajuster pH à 8.2. Chauffer à l'autoclave et filtrer. Préparer une infusion de riz : 25 gr. dans 1 litre d'eau.

Mélanger 100 de bouillon de poisson et 100 d'infusion de riz, ajouter Na Cl 20 p. 100 et ajuster pH 8.2.

Pour les microbes halophiles on utilise le liquide gélosé à 2 p. 100; pour les microbes chromogènes on fait gonfler 10 grammes de grains de riz dans 25 centimètres cubes de bouillon au poisson.

Ces milieux pourraient être essayés pour la culture d'algues marines et spécialement de Flagellates.

Milieu pour Cyanophycées signalé par Geitler (1921)

Eau	1000 cc
$(NO^3)^2$ Ca....................	1 pointe de canif
PO^4 K^2H	1 pointe de canif

Solution nutritive de Genevois (1924) *pour Zoochlorelles*

Eau	1000 cc
NO^3 K.............................	0.10 gr.
$(NO^3)^2$ Ca.........................	0.08
SO^4Mg $7H^2O$.......................	0.12
PO^4 K^3...........................	0.11
Fe^2 Cl^6 (1 cc de sol. à 3 gr. p. 1000..	0.001
Concentration p. 1000..............	0.411

Le pH de cette solution est de 8 environ. Si l'on subtitue au phosphate tripotassique du phosphate bipotassique on obtient toujours des résultats négatifs pour la culture des Zoochlorelles.

Liquide du prof. Gérard de Lyon, modification de Lutz (1893)

Eau distillée............................	1000 cc
$PO^4 Am^2H$............................	2 gr.
$SO^4 Mg$............................	0.50
$SO^4 Ca$............................	0.50
$SO^4 Fe$............................	0.50
K Cl............................	0.25
$SO^4 Mn$............................	0.10
Chlorhydrate de triméthylamine.......	3.00

Liquide employé par Grintzesco (1907), **d'après Nakano** (1917)

Eau distillée......................	1000.00 gr.
$(NO^3)^2 Ca$......................	1.65
$PO^4 KH^2$......................	0.50
$SO^4 Mg$......................	0.50
K Cl......................	0.50
Sesquichlorure de fer.............	traces

Ce milieu est une modification du liquide ce Delmer.

Liquides pour Cyanophycées, utilisés par Harder

HARDER (1917)		HARDER (1923)	
Eau de canalisation. 100 gr.		Eau de canalisation. 1000 cc	
$(NO^3)^2 Ca$...........	0.05 gr.	$(NO^3)^2 Ca$..........	0.5 gr.
$PO^4 K^2H$...........	0.01	$PO^4 K^2H$..........	0.2
$SO^4 Mg$...........	0.01	$SO^4 Mg$...........	0.2
		Chlorure de fer....	0.01

Liquide de Haughton Gill pour Diatomées

d'après Van Heurck (1893)

Solution A

Eau	100 parties en poids
Na Cl..................	10	—
$SO^4 Na^2$................	5	—
$NO^3 K$................	2.5	—
Phosphate acide de K...	2.5	—
Eau de source filtrée...	100 parties volume
Solution A.............	0.5	—

On ajoute de la chaux éteinte pour neutraliser l'acidité du milieu et une petite quantité de silice précipitée bien lavée. On ajoute encore une petite quantité soit d'une infusion stérilisée de graminées, soit d'une « soupe » de diatomée. Van Heurck, qui déclare avoir obtenu d'excellents résultats avec cette formule, indique qu'on peut encore ajouter à ce milieu quelques rapures fines d'os ou des racines bien lavées de graminées.

Liquides pour Volvocacées

d'après Jacobsen (1910)

A Modification du liquide de Beijerinck		B Liquide pour Volvocacées	
Eau	100 gr.	Eau ordinaire.....	100 gr.
$NO^3 NH^4$..........	0.02 gr.	$PO^4 K^2H$..........	0.05 gr.
$PO^4 K^2H$..........	0.02	Cl NH^4............	0.05
$SO^4 Mg$...........	0.01	Acétate de Ca......	2.00
Gélose lavée.......	1.5	Au lieu d'acétate on peut utiliser le butyrate de Ca.	

Jacobsen (1910) utilisa aussi avec les sels inorganiques divers milieux additionnés de fibrine, d'albumine brutes ou putréfiées, de fumier, d'amidon, de gélatine fermentée, de décoction de pois.

Milieux de Jollos (1921) *pour Flagellates*

Liquide pour Paramœcium

Eau .... 100 gr.
Extrait de Liebig.   0.0125 gr.

Eau de salade

Liquide pour Flagellates

Eau .... 1000 cc
K Cl............   0.05 gr.
Ca Cl'...........   0.05
PO' Na'H (sol. à
0.5 p. 100)...... qlq gouttes

Milieux essayés par Killian (1924) *pour Glœodinium*

Eau tourbeuse filtrée à la bougie et gélose de tourbe.

Liquide de Knop et dérivés

Ce milieu de culture classique a servi à de nombreux auteurs
pour les cultures d'algues. Il a été employé tel quel, soit plus ou
moins dilué ou modifié suivant les besoins des recherches.

La formule originale fut utilisée systématiquement par KLEBS
(1896) qui donne p. 8 des explications détaillées sur la préparation
de ce liquide constitué par :

$(NO^3)^2$ Ca........................... 4 parties
PO^4 K^3............................ 1   —
SO^4 Mg............................ 1   —
NO^3 K............................ 1   —

On dissout 2 à 5 grammes de ce mélange par litre, ou bien on
dilue ce mélange à raison de 0,2 à 1 p. 100 dans l'eau. Telle est la formule donnée par KLEBS (1896), CHALON (1901), LEMMERMANN (1910).

CHALON (1901) indique une autre formule pour 1 litre de solution :

Eau .... 1000 cc
$(NO^3)^2$ Ca........................... 1.00 gr.
PO^4 K^3........................... 0.25
SO^4 Mg........................... 0.25
NO^3 K........................... 0.25
Fe^2 O........................... traces
Concentration p. 1000............... 1.75

BELAR (1923) indique que pour constituer du liquide de Knop à 1 p. 100, il y a lieu de dissoudre séparément dans l'eau chacun des sels dans l'ordre donné ci-après et de les ajouter l'un à l'autre dans le même ordre, à savoir :

$SO^4 Mg$...............................	0.5 gr.
$NO^3 K$................................	0.5
$(NO^3)^2 Ca$...........................	2.0
$PO^4 KH^2$.............................	0.5
Eau distillée	350

Une autre façon de former le liquide de Knop à 0,1 p. 100 est d'opérer comme suit :

$PO^4 KH^2$ en solution à	5 %..........	1 cc
$SO^4 Mg$	—	5 %..........	1
$NO^3 K$	—	5 %..........	1
$(NO^3)^2 Ca$	—	20 %........	1
Eau distillée...........................			346

L'intérêt de cette technique réside dans la simplicité des manipulations. On ajoute en effet 1 cc de chaque solution concentrée et l'on n'a pas à s'inquiéter des doses de chaque sel. Lorsque l'on travaille en série, cela évite des erreurs dans la constitution des liquides. La besogne en est ainsi fort simplifiée. On ne peut que recommander cette façon de travailler, qui est applicable à tous les milieux formés de sels solubles. L'emploi d'une pipette de même contenance pour la répartition de tous les sels simplifie le matériel et donne plus d'assurance dans la besogne matérielle.

ANDREESEN (1909) essaya, sans résultats d'ailleurs, les dilutions extrêmes du liquide de Knop allant jusqu'à 0,001 pour 100 pour la culture des Desmidées.

BEHRENS (1908), p. 143, indique pour les plantes supérieures une formule de Knop un peu différente :

Eau	1000 gr.
$(NO^3)^2 Ca$.......................	1.00 gr.
$SO^4 Mg$...........................	0.25
$PO^4 KH^2$.........................	0.25
K Cl...............................	0.12
$Fe^2 Cl^6$.........................	traces
Concentration p. 1000...............	1.62

Il est recommandé de dissoudre le nitrate de chaux à part dans 500 cc d'eau et de ne l'ajouter aux autres sels que lorsque ceux-ci ont été dissous ensemble dans les 500 cc d'eau complétant le milieu. En ce qui concerne les Algues, ce milieu est utilisé aux concentrations de 0,1 à 0,2 p. 100.

Modifications diverses du liquide de KNOP

KUSTER (1913)

Eau	1000 gr.
NO³ K	1.00
SO⁴ Mg...........	0.25
PO⁴ KH²...........	0.25
K Cl.............	0.12
Chlorure de fer.....	traces

DÖFLEIN (1909),
LEMMERMANN (1910)

Eau	1000 gr.
(NO³)² Ca...........	1.00
SO⁴ Mg............	0.25
PO⁴ KH²...........	0.25
K Cl.............	0.12
Fe Cl³.............	traces

DOP et GAUTIÉ (1909)

Eau	1000 gr.
(NO³)² Ca...........	1.00
SO⁴ Mg............	0.25
PO⁴ KH²...........	0.25
Ca Cl³.............	0.12
Chlorure ferrique...	traces

RAVIN (1914)

Eau distillée........	1000 cc
NO³ K.............	0.50
SO⁴ Mg...........	0.20
PO⁴ KH²...........	0.25
K Cl.............	0.10
SO⁴ Fe 1/100......	2 gouttes

KUSTER (1913)

Eau	7000 gr.
(NO³)² Ca...........	4
NO³ K.............	1
PO⁴ KH²............	1
SO⁴ Mg............	1
K Cl.............	0.5
Chlorure de fer.....	traces

RAVIN (1914)

Eau redistillée......	1000 cc	SO⁴ Mg............	0.25
(NO³)³ Ca...........	1.0 gr.	K Cl.............	0.25
NO³ K.............	0.25	Sulfate ferreux 1/100	2 gout.
PO⁴ KH²...........	0.25		

SCHREIBER (1925)

Eau distillée........	1000 cc
(NO³)² Ca..........	0.25 gr.
PO⁴ K²H...........	0.06
SO⁴ Mg...........	0.06
NO³ K.............	0.06
Ferrosulfate	trace
pH colorimétrique ..	7.1

HARTMANN (1921)

Eau	350 cc
(NO³)² Ca dissoud. à	
part.	2.0 gr.
PO⁴ KH²..............	0.5
NO³ K..............	0.5
SO⁴. Mg.............	0.5
Fe² Cl⁶ (sol. offic.)...	1 goutte

Cette solution à 1 p. 100 est ensuite diluée à 0,05 p. 100.

COMBES (1912 a et b)

Eau	1000 cc
(NO³)² Ca..........	1.00 gr.
SO⁴ Mg............	0.25
Phosphate de K.....	0.25
NO³ K.............	0.25
Sulfate de fer......	traces
Concentration p. 1000	1.75

GROSSMANN (1921)

Eau de pluie........	998.25
(NO³)² Ca..........	1.00
SO⁴ Mg............	0.25
PO⁴ KH²..........	0.25
NO³ K.............	0.25
Fe² Cl⁶.............	traces
Concentration p. 1000	1.75

Cette solution est à diluer de de 1/2 à 1/100.

BACHRACH (1927)

Eau	1000	SO⁴ Mg............	0.25
(NO³)² Ca..........	1.00 gr.	Fer	traces
PO⁴ KH²..........	0.25	Concentration p. 1000	1.75

Pour Diatomées à 10 cc ajouter 1 à 10 gouttes de solution de gélose à 1 p. 100.

VISCHER (1926 et 1927)

Eau	1000 cc
(NO³)² Ca.........................	1.00 gr.
K Cl.............................	0.25
SO⁴ Mg...........................	0.25
PO⁴ K²H	0.25
Fe² Cl⁶	± 0.05
Concentration p. 1000...........	1.75

Cette solution est ordinairement diluée au tiers ou au dixième.

Milieu de Konokotine (1925) *pour amibes*

Cultures mixtes d'amibes ensemencées sur des cultures de diverses Levures, les milieux doivent être dépourvus de sucre. Les amibes du sol ont été cultivées ainsi en présence de *Saccharomyces ellipsoideus, S. cerevisiæ, S. apiculatus, Oïdium, Mycoderma. Torula pulcherrima*, etc...

Liquide de Kossowitch

d'après CHARPENTIER (1903 a)

Eau	1000 gr.
PO^4 K^{2}H	0.25 gr.
PO^4 KH^2	0.25
SO^4 Mg	0.37
Na Cl	0.20
SO^4 Ca	traces
Phosphate de fer	traces
NO^3 K	2.5 milligr.
Glucose	0.75 gr.
Concentration p. 1000	4.32

Liquide de Kreusler d'après Benecke (1909) *pour les végétaux*

Eau distillée	1000
(NO^3)^2 Ca	0.10 gr.
NO^3 K	0.24
SO^4 Mg	0.25
PO^4 KH^2	0.24
Na Cl	0.10
(PO^4)^2 Fe^2	0.10
Concentration p. 1000	1.23

Milieux de Krüger (1894) *pour Prototheca*

Milieu pour essais avec hydrates de carbone, etc...		Milieu pour essais avec matières azotées	
Eau	100	Eau	100
$PO_4 K_2H$	0.2 gr.	$PO_4 K_2H$	0.2 gr.
$SO_4 Mg$	0.04	$SO_4 Mg$	0.04
Ca Cl_2	0.02	Ca Cl_2	0.02
Peptone	1.00	Sucre de raisin...	1.00

Alcaliniser faiblement par $CO_3 Na_2$ puis ajouter sels organiques : sucres, etc.............. 1.0 gr.

Neutraliser par $CO_3 Na_2$ à faible réaction alcaline et ajouter : Matières azotées organiques .... 0.5 à 1 %

C^{tion} pour 1000 : 2,26.   C^{tion} pour 1000 : 1,76 à 2,26.

Milieux utilisés par Kufferath (1913)

Les formules que nous avons utilisées nous avaient été communiquées par le professeur JEAN MASSART. Nous les avons utilisées pour notre thèse (1913) sur la physiologie de *Chlorella luteoviridis* Chodat var. *lutescens*.

Liquide calcique

	Solution mère (à diluer 50 fois)	Solution optimale pour *Chlorella*
Eau	200 cc	1000 cc
$NO_3 K$	20 gr.	2 gr.
$SO_4 Mg$	5	0.5
$SO_4 Ca$	10	1.0
$(PO_4)_2 Ca_3$	20	2.0
$Fe_2 Cl_6$	1 cristal	traces
Concentrat. p. 1000		5.5

Ce milieu nutritif se rapproche du liquide de Sachs. Sa réaction est alcaline, nous avons composé un milieu acide dérivé de la formule précédente, sa réaction au tournesol est fortement acide. Ce milieu est très favorable pour *Chlorella*.

Liquide acide

	Solution mère (à diluer 100 fois)	Solution optimale pour *Chlorella*
Eau	200 cc	1000 cc
NO^3 Na..........	15 gr.	0.75 gr.
SO^4 Mg..........	5	0.25
SO^4 Ca..........	5	0.25
PO^4 KH^2........	10	0.50
PO^4 $(NH^4)^2H$.......	10	0.50
K Cl.............	2	0.10
SO^4 Fe..........	traces	traces
Concentrat. p. 1000		2.35

Nous avons aussi fait quelques essais, mais qui se sont montrés peu favorables pour *Chlorella*, avec un milieu pauvre en chaux de formule assez semblable au liquide de Oehlmann. Ce liquide était connu au laboratoire sous le nom de liquide pour Desmidiées.

Milieu pauvre en chaux

	Solution mère (à diluer 100 fois)	Solution nutritive prête à l'usage
Eau	250 cc	1000 cc
NO^3 K............	2.5 gr.	0.1 gr.
SO^4 Mg..........	2.5	0.1
$(PO^4)^2$ Ca^3........	2.5	0.1
Concentrat. p. 1000	30.0	0.3

D'après nos essais la concentration saline la meilleure pour *Chlorella* est de 0,9 pour 1000 (soit 0,3 gr. de chaque constituant).

Rappelons que nous avons trouvé que l'addition de CO^3K^2 au liquide calcique et aux doses de 10 à 25 grammes par litre donne des récoltes extraordinairement abondantes, la dose de 5 gr. par litre augmente déjà 5 fois le poids de récolte d'algues par rapport au liquide calcique témoin.

Liquide nutritif indiqué par Kuster (1913) pour Spirogyra

Eau	100 cc	1000 cc
$NO^3 NH^4$	0.010	0.10
Ca Cl^2	0.005	0.05
$PO^4 K^2H$	0.005	0.05
$SO^4 Mg 7H^2O$	0.005	0.05
$Fe^2 Cl^6$ (sol. officinale)..	1 goutte pour	2/3 goutte
	1500 cc de liquide	
Concentration p. 1000....		0.25

Liquide nutritif de Lwoff (1925) pour Infusoires

Ce milieu a été utilisé spécialement pour les Infusoires ciliés.

Eau	1000
Na Cl	0.5 gr.
K Cl	0.01
Ca Cl^2	0.02
SO^4 Mg	0.01
Peptone (Witte)	10.00
Concentration p. 1000	10.54

L'introduction dans ce milieu de Na Cl en forte proportion et de K Cl, Ca Cl^2 et SO^4 Mg en faible proportions fait songer aux solutions balancées de OSTERHOUT (1907), LOEB (1908) et LOEW (1908), la peptone étant, comme on le sait, un élément favorable pour les Infusoires.

Solution de Maertens (1914) pour Cyanophycées

Eau de canalisation	1000
$(NO^3)^2$ Ca	1
$PO^4 K^2H$	0.2
SO^4 Mg, $7H^2O$	0.2
$(PO^4)^2 Fe^2$	trace
Concentration	1.4

L'auteur fait remarquer que le sel de fer peut être éliminé, l'eau de canalisation en renfermant toujours. On peut substituer NO^3K à $(NO^3)^2$ Ca et de même le phosphate bipotassique peut être remplacé par le phosphate biammonique, sans modifications dans l'intensité du développement.

Ces formules rappellent fort les liquides nutritifs de PRINGSHEIM (1914) utilisés pour *Hæmatococcus*. MAERTENS a d'ailleurs composé pour ses recherches toute une série de liquides analogues dont les variantes ont servi à ses recherches expérimentales. On les consultera dans le travail original.

Liquide nutritif employé par Mairx (1927) pour Eremosphæra viridis

Ce liquide tout comme le précédent est presque indentique aux liquides de Pringsheim ; pour la culture il est gélosé à 1,5 p. 100.

Eau	1000
NO^3 K	1.0
PO^4 K^2H	0.2
SO^4 Mg	0.1
Concentration p. 1000	1.3

Liquide de Mayer, d'après Benecke (1900)

Eau distillée	1000
$(NO^3)^2$ Ca + aq	1.00
NO^3 K	0.25
PO^4 KH^2	0.25
SO^4 Mg	0.25
$(PO^4)^2$ Fe^2	0.2
Concentration p. 1000	1.95

Ce liquide rappelle la solution de Knop dans ses grands traits.

Liquide de Mazé (1919) pour le maïs

Eau distillée	1000 gr.
NO^3 Na	0.5
PO^4 K^2H	0.25
PO^4 KH^2	0.25
SO^4 Mg	0.1
SO^4 Fe	0.05
Si O^3K^2	0.02
Zn Cl^2	0.02
Mn Cl^2	0.02
CO^3 Ca	1.50

On obtient une action favorisante en ajoutant au milieu ci-
dessus :

Sulfate d'alumine	1/100.000
Borate de soude	1/250.000
Fluorure de sodium	1/500.000
Iodure de potassium	1/500.000

L'arséniate de soude à 1/500.000 est nuisible.

Liqueurs de Miquel (1890)

Pour minéraliser les eaux naturelles, MIQUEL (1890-1892) conseille
d'ajouter aux eaux naturelles les solutions suivantes favorisant tout
spécialement les Diatomées.

Pour un litre d'eau ajouter { 40 gouttes de la solution A
{ 10 à 20 gouttes de la solution B.

Solution A		Solution B phosphoferrocalcique	
Eau	100 gr.	Eau	80 cc
SO^4 Mg	10	Phosphate de Na	4 gr.
Na Cl	10	Ca Cl^2 sec	4
SO^4 Na^2	5	H Cl pur à 22°	2 cm^3
NO^3 NH^4	1	Perchlorure de fer li-	
NO^3 K	2	quide à 45°	2
NO^3 Na	2	On dissout le phosphate dans	
K Br	0.2	40 cc d'eau, on ajoute alors l'a-	
K Io	0.2	cide puis le chlorure de fer ; à	

ce mélange on additionne le Ca
Cl^2 dissout dans 40 cc d'eau.

A titre d'exemple, MIQUEL indique qu'à 50 cc d'eau à minéraliser
on ajoute 2 gouttes de la solution A et 1 goutte de la solution B. S'il
se produit des précipités, on ne les élimine pas des solutions, que
l'on agitera parfaitement avant l'emploi.

Extrait organique pour Diatomées de Miquel (1890)

En plus des éléments minéralisateurs, Miquel préconise l'emploi
de matières organiques pour la culture de Diatomées. On fait l'extrait
suivant :

Eau	1000 cc
Son de blé......................	50 milligr.
Paille de blé....................	0.100 gr.
Mousse terrestre................	0.100

La matière organique ne doit être ajoutée qu'avec parcimonie aux cultures.

Liquide nutritif de Molisch

Nous n'avons pu nous procurer les travaux originaux de MOLISCH (1895 à 1897), la formule de Molisch est reproduite par divers auteurs, BEHRENS (1908), DOP et GAUTIÉ (1909), DOFFLEIN (1909), LEMMERMANN (1910), LINKOLA (1920), elle a la composition suivante :

Eau	1000 gr.
NO^3 K..............................	0.2 gr.
PO^4 K^2H..............................	0.2
SO^4 Mg..............................	0.2
SO^4 Ca..............................	0.2
Concentration p. 1000..............	0.8

BRUNNTHALER (1909) donne une formule qui lui servit pour la culture de *Glœothece rupestris*. Cette formule diffère un peu de la précédente :

Eau	1000 gr.
NO^3 K..............................	0.2 gr.
PO^4 K^2H..............................	0.2
SO^4 Mg..............................	0.2
$(NO^3)^2$ Ca..............................	0.2
Fe Cl^3..............................	traces
Concentration pour 1000...........	0.8

L'addition de sel de fer est utilisée par RICHTER (1911) et signalée par KUSTER (1913) dans la solution suivante plus concentrée de réaction acide qui servit pour la culture de diverses Chlorophycées :

Eau distillée	250 gr.
PO^4 KH^2..............................	0.1 gr.
PO^4 $(NH^4)^2H$	0.2
SO^4 Mg	0.1

SO⁴ Ca...............................	0.1
SO⁴ Fe (solution à 1 p. 100)..........	2 gouttes
Concentration pour 1000.............	2.0

D'après les essais de RICHTER (1895) cette solution, vu son acidité ne convient pas bien pour *Microthamnium Kutzingianum, Stichococcus* et *Protococcus*. D'après RICHTER ces algues préfèrent une réaction alcaline des milieux.

Nous trouvons ensuite dans la littérature toute une série de formules de liquides nutritifs dérivés de celui de Molisch.

Liquide de BOUILHAC (variété du liquide de MOLISCH)

Ce liquide a servi à BOUILHAC (1901 a) dans ces expériences sur le *Nostoc punctiforme* et diverses Algues en symbiose avec des Bactéries variées (1901 b, 1902).

Eau distillée.....................	1000 gr.
SO⁴ K²............................	0.2 gr.
SO⁴ Mg	0.2
Phosphate de K (lequel ?)..........	0.2
CO³ Ca............................	0.2
Perchorure de fer.................	traces
Concentration pour 1000...........	0.8

Le remplacement du nitrate de potasse par le sulfate était fait dans le but d'avoir un milieu privé de sels azotés, permettant d'établir les phénomènes de fixation d'azote par les symbioses d'Algues et de Bactéries.

Liquide de DANGEARD (1921) (variété ? du liquide de MOLISCH)

Eau distillée	1000 gr.
(NO³)² Ca.........................	0.5 gr.
K Cl..............................	0.5
SO⁴ Mg	0.5
Phosphate de K (lequel ?)..........	0.5
Sesquichlorure de fer.............	traces
Concentration pour 1000...........	2.0

Cette solution nutritive rappelle également le liquide utilisé par GRINTZESCO (1902). DANGEARD y ajoutait pour la culture de *Scenedes-*

mus acutus : 1 p. 100 de glucose, 0. 8 gr. de peptone, éventuellement 2 p. 100 de gélose. L'analogie de ce milieu avec le liquide de Delmer est très grande.

Liquide de MOLISCH, modifié par LUTZ (1898, 1899, 1900, 1905)

Eau distillée......................	1000 gr.
NO^3 K...........................	0.2 gr.
PO^4 K^2H.......................	0.2
SO^4 Mg	0.2
SO^4 Ca...........................	0.2
SO^4 Fe	trace
K Cl...............................	0.372
Concentration pour 1000...........	1.172

ajouter CO^3 Ca q. s. pour neutraliser. Dans les recherches de LUTZ sur l'utilisation des matières azotées organiques, cet auteur remplace NO^3 K par de nombreux composés azotés organiques dont la teneur en N est celle du nitrate. Le chlorure de potassium sert à fournir la potasse au lieu du nitrate supprimé.

Liquide de MOLISCH, modifié par RAVIN (1914)

RAVIN étudie l'assimilation de divers sels organiques par *Chlorella vulgaris* et *Cystococcus humicola*. Il compose le milieu comme suit :

Eau redistillée.....................	1000 gr.
NO^3 K	0.30
PO^4 K^2H	0.10
SO^4 Mg..........................	0.20
K Cl	0.05
Sulfate ferreux (sol. à 1/200)......	1 goutte
Concentration pour 1000...........	1.65

A ce milieu RAVIN ajoute les sels organiques dont les doses sont calculées de manière qu'ils renferment tous la même quantité de carbone. Au liquide témoin, sans composés organiques, on ajoute K Cl ou SO^4 K^2 en quantité correspondant à celle du potassium combiné aux acides organiques.

Liquide de Molisch utilisé par Maertens (1914)

Au cours de ses recherches sur la culture de diverses Cyanophycées, Maertens (1914) expérimenta de nombreuses combinaisons, formant des variantes du liquide de Molisch.

La formule suivante renfermait du phosphate monopotassique.

Eau	1000 gr.
NO^3 K..............................	0.2
PO^4 KH^2	0.2
SO^4 Mg	0.2
SO^4 Ca	0.2
SO^4 Fe	trace
Concentration pour 1000	0.8

Mais l'auteur fait remarquer que ce milieu a une réaction trop acide. Il devient plus favorable si on emploie du phosphate bipotassique. Il essaya aussi des mélanges de sel mono et bipotassique. Si les Cyanophycées supportent mieux un milieu basique qu'un milieu acide, il faut néanmoins remarquer qu'une alcalinité trop forte, produite par exemple par le phosphate tripotassique, est nuisible. En tout état de cause, il y a lieu de préférer le phosphate bipotassique.

Liquide de Molisch modifié par Meinhold (1911)

Meinhold (1911) étudia les conditions de culture de diverses petites Diatomées : *Nitzschia* et *Navicula*. Son liquide optimal pour les Diatomées est utilisé sous forme solidifiée par la gélose.

Eau	1000 cc
Gélose	12.0 gr.
NO^3 K..............................	0.2
PO^4 K^3H..............................	0.2
SO^4 Mg	0.2
Ca Cl^2..............................	0.2
Asparagine	5.0
Acide malique..........................	1.0
SO^4 Fe..............................	traces

Si² O⁵K² .... traces
Concentration pour 1000 (sans gélo-
    se, ni soude)................... 0.8

Le tout est neutralisé par de la soude jusqu'à nette réaction alcaline appréciée à la phénolphtaleine.

Liquide nutritif de Moore

MOORE et KARRER (1909), MUENSCHER (1923) ont fait des cultures d'algues avec le milieu de MOORE (1903) dont nous n'avons pu nous procurer le texte original. Ce liquide est une modification de la solution nutritive de Beijerinck.

La solution non diluée de Moore à la formule suivante :

Eau .... 1000 cc
NO³ NH⁴............................ 5 gr.
PO⁴ KH²............................ 2
SO⁴ Mg 2
Ca Cl² 1
SO⁴ Fe .... trace
Concentration pour 1000.............. 10

Ce milieu a été utilisé par SCHRAMM (1914) qui le dilue 10 fois, de manière que la concentration saline totale soit de 1 p. 100.

MUENSCHER dans ses essais physiologiques sur l'assimilation de l'azote par *Chlorella* fit des expériences où il remplace le nitrate ammoniaque, soit par le nitrate de calcium, soit par le sulfate d'ammoniaque.

Liquide de Naegeli

Le milieu de Naegeli a été utilisé pour les cultures d'algues, par CHODAT et HUBER (1895) et par CHODAT et MALINESCO (1893). Mais les auteurs n'en donnent pas la formule. Les premiers se bornent à dire que la concentration saline expérimentée fut de 3, 5 à 10 p. 1000.

PFEFFER (1900) donne pour les cultures de Champignons les formules suivantes de liquide de Naegeli :

Eau	100 gr.		Eau	100 gr.
Tartrate d'Amm. ...	0.1 gr.		Peptone	1.0 gr.
PO⁴ K²H	0.1		PO⁴ K²H	0.2
SO⁴ Mg..........	0.02		SO⁴ Mg..........	0.04
Ca Cl²	0.01		Ca Cl²	0.01
Concentrat. p. 1000.	2.3		Concentrat. p. 1000.	12.6

Une autre formule de liquide de Naegeli est donnée d'après
A. MAYER (1869) dans les Worlesungen de SACHS (page 377).

Eau	100 cc
SO⁴ (NH⁴)².........................	1.0 gr.
Phosphate acide de K...............	0.5
Phosphate tricalcique...............	0.05
SO⁴ Mg.............................	0.25
Sucre	15.00
Concentration pour 1000 (sans sucre).	18.0
— (avec sucre).	33.0

Ce dernier milieu est bien concentré, il est peu probable qu'il
puisse servir pour les algues. D'ailleurs le fait que les milieux de
Naegeli n'ont pas été utilisés pour les cultures d'Algues semble indiquer qu'il ne présente pas grand intérêt.

Liquide de Œhlmann

Ce liquide utilisé par SENN (1899) pour la culture de *Cœlastrum
microporum* en l'absence de sel de calcium. Cette formule est aussi
indiquée par DÖFLEIN (1909) et KÜSTER (1913).

Eau	990 gr.
SO⁴ Mg.............................	2
PO⁴ Na²H.............................	4
NO³ K	4
Concentration pour 1000...............	10

Ce milieu pour l'emploi est dilué 10 fois au moins, de manière
à obtenir une teneur totale en sels de 1 p. 1000.

C'est une formule analogue que conseille ANDREESEN (1909) pour
la culture d'algues calcifuges, de Desmidiées. Il utilise pour ces
plantules des concentrations de 0.1 à 5 p. 1000.

Liquide de Œhlmann modifié par Brunnthaler (1909)

Pour l'étude de la Cyanophycée, *Glœothece rupestris*, BRUNNTHA-
LER donne la formule suivante :

Eau distillée.......................	1000 cc
SO⁴ Mg	0.1 gr.
NO³ K............................	0.2
SO⁴ Na²	0.2
Concentration pour 1000............	0.5

Cette modification se caractérise par l'absence de phosphates.

Liquide nutritif de Palladine

PALLADINE (1903) dans son étude sur *Chlorothecium* a utilisé une
solution nutritive dépourvue de nitrate, où les matières azotées sont
présentées sous forme de phosphate ammoniaque.

Eau	1000 gr.
Phosphate d'ammonium	4.7 gr.
Phosphate de potassium...........	3.0
SO⁴ Mg	1.0
Ca Cl²............................	1.0
Fe Cl³............................	traces
Concentration pour 1000	9.7

A ce milieu on ajoute du glucose, saccharose, etc., en solution
¼ N, isotoniques. Dans quelques expériences le phosphate ammoniacal est remplacé par 1 p. 100 de peptone. L'addition de CO³ Ca
fut faite une fois au milieu.

Liquides nutritifs utilisés par Petersen

PETERSEN (1915), pour l'étude des Algues aériennes danoises, a
fait usage de deux formules de liquides nutritifs, dont la constitution rappelle essentiellement le liquide de Detmer. On les consi-
déra comme des modifications du Detmer.

Eau .... 1000 gr.
$(NO^3)^2$ Ca .... 1.5 gr.
PO^4 KH^2 .... 0.5
SO^4 Mg 0.5
K Cl 0.5
Chlorure de fer .... traces
Concentration pour 1000 .... 3.0

le liquide est additionné de 100 grammes de gélatine.

L'autre milieu, qui est additionné de 15 grammes de gélose lavée selon les indications de O. RICHTER, a pour formule :

Eau distillée .... 1000 gr.
NO^3 K .... 1.0 gr.
PO^4 K^2H 0.25
SO^4 Mg 0.25

Liquide de Pfeffer (1906)

A la vérité, ce liquide classique est utilisé pour les plantes supérieures. Il a une composition voisine de celle du liquide de Knop plus généralement utilisé pour les Algues.

$(NO^3)^2$ Ca .... 4 gr.
NO^3 K 1
PO^4 KH^2 1
SO^4 Mg, $7H^2O$ 1
K Cl 0.5
Eau 7 litres = conc^{tion} saline de : 1.06 p. 1000
Eau 3 litres =   —   2.5 p. 1000

Aux liquides ainsi constitués on ajoute 6 ou 3 gouttes d'une solution officinale de chlorure de fer.

On trouvera dans le traité de PFEFFER (1906), p. 420, etc., des indications détaillées sur la manière de composer ce milieu classique, on se reportera à l'original pour les explications opératoires.

A notre connaissance ce milieu n'a guère été utilisé pour l'étude des algues en culture.

Liquides nutritifs de Pringsheim

On sait que PRINGSHEIM s'est beaucoup occupé, avec ses élèves de cultures d'algues. Il a généralement utilisé un liquide nutritif dont la composition a été plus ou moins modifiée suivant les besoins des algues qu'il étudia.

De nombreux essais sur milieux gélosés amenèrent PRINGSHEIM (1912) à préconiser le liquide nutritif suivant :

Eau	1000 cc
NO^3 K ou NO^3 (NH^4) ou PO^4 (NH^4)^{2}H.	1.00 gr.
PO^4 K^2H............................	0.25
SO^4 Mg............................	0.25
Concentration pour 1000	1.5

Ce milieu ne renferme ni calcium, ni fer. On y ajoute 10 à 20 grammes de gélose lavée suivant les indications de O. RICHTER (1911), page 31.

Pour la culture d'*Hœmatococcus pluvialis*, il y a lieu, d'après PRINGSHEIM (1914), d'utiliser un extrait de terre au lieu d'eau distillée.

Extrait de terre......................	100
NO^3 K ou PO^4 (NH^4)^{2}H ou Asparagine.	0.1 gr.
PO^4 K^2H............................	0.02
SO^4 Mg............................	0.02
Concentration pour 1000	1.4

Ce milieu est additionné de 2 p. 100 de gélose (lavée).

MAERTENS (1914) a donné , d'après PRINGSHEIM, un milieu renfermant des nitrites dans lequel *Oscillatoria tenuis* a bien poussé. Au lieu de nitrites, on peut aussi avantageusement employer soit des nitrates, soit des sels ammoniacaux.

Eau bidistillée......................	100
NO^2 K............................	0.05 gr.
PO^4 K^2H............................	0.02
SO^4 Mg	0.01
SO^4 Ca	traces
Phosphate de fer (PO^4)^2 Fe^2..........	traces
Concentration pour 1000	0.8

Une réaction faiblement alcaline du milieu s'est montrée favorable. On remarquera que dans ce milieu, MAERTENS utilise des traces de sels de chaux et de fer, qui n'existent pas dans les premiers liquides préconisés par PRINGSHEIM.

Dans une mise au point sur l'étude des cultures d'Algues, PRINGSHEIM (1926) donne une nouvelle formule dans laquelle on trouve cette fois des sels de chaux et de fer en doses définies.

Eau	100 cc
NO_3 K	0.10 gr
PO_4 $(NH_4)_2$H	0.20
SO_4 Mg, $7H_2O$	0.01
SO_4 Ca	0.01
Fe Cl_3	0.001
Concentration pour 1000	3.21

Au besoin on diluera cette solution de moitié ou au quart, et au lieu de NO_3 K on peut utiliser PO_4 $(NH_4)_2$H comme source principale d'azote.

Enfin PRINGSHEIM (1918) essaya par culture sur plaques à la silice gélatineuse imprégnée d'un liquide de formule analogue à celle de OEHLMANN pour la culture des Desmidiées.

Eau redistillée	100 cc
NO_3 K	0.10 gr.
PO_4 K_2H	0.02
SO_4 Mg	0.02
Concentration pour 1000	1.4

Solution nutritive de Pringsheim (1921 a) **_pour Flagellates_**

Pour _Polytoma_ PRINGSHEIM préconise :

Eau	100.00 grs.
PO_4 K_2H	0.02
SO_4 Mg	0.01
CO_3 K_2	0.5
Sucre de raisin	0.2
Glycocolle	0.2
Acétate de soude	0.2
Concentration pour 1000	11.3

Le glycocolle peut être remplacé par l'acétate d'ammoniaque, les nitrates ne conviennent pas.

Pour *Astasia*, il faudrait des milieux acides formés de :

Eau 100
Extrait de viande......................... 2
Solution 1/100 Normal d'acide acétique

Liquides nutritifs de O. Richter

O. RICHTER au cours de ses recherches sur les cultures de Diatomées et la physiologie des Algues a donné une série de liquides de composition assez variée. Ses milieux sont, soit gélosés, soit gélatinisés, certains d'entre eux sont additionnés de silicate, sel destiné à la nutrition des frustules diatomiques, soit de sels sodiques.

Liquide minéral de O. RICHTER pour Diatomées

Ce milieu est utilisé avec addition de 1 p. 100 de gélose, RICHTER (1903), NAKANO (1917).

Eau 1000
NO^3 K............................. 0.2 gr.
PO^4 K^2H............................. 0.2
SO^4 Mg............................. 0.2
SO^4 Ca............................. 0.2
SO^4 Fe............................. trace
Concentration pour 1000 .... 0.8

RICHTER (1903) conseille d'alcaliniser faiblement le milieu gélosé par CO^3 Na^2 ou Na OH.

Voici maintenant un milieu sans calcium et sans nitrate également utilisable pour les Diatomées. Ce milieu est gélatinisé.

Eau distillée.................... 700 à 800 cc
Gélatine blanche très fine.............. 100 gr.
PO^4 K^2H 0.2
SO^4 Mg............................. 0.2
SO^4 Fe............................. traces

On alcalinise faiblement par la soude et clarifie au blanc d'œuf.

Milieu pour Diatomées

Cette formule se trouve dans Behrens (1908) et dans Dop et Gautié (1909).

Eau	100 gr.
Gélatine	10
Si $^2O^5$ K^2	0.01
Ca Cl^2	0.02

Au lieu de gélatine, on peut utiliser 1.8 gramme de gélose.

Dop et Gautié (1909) donnent une autre formule de Richter :

Eau	1000 gr.
Gélose	18
K Cl	0.2
NO^3 K	0.2
SO^4 Mg	0.05
Silicate de K	0.01
Sulfate ferreux	traces

Ce milieu ne renferme pas de phosphates.

Richter (1909 a et b) étudiant la nécessité du sodium pour *Nitzschia* et *Navicula* fit des expériénces avec les milieux suivants :

Eau distillée	1000
Gélose lavée	18 gr.
PO^4 K^2H de Merck	0.2
NO^3 K de Merck	0.2
SO^4 Mg	0.05
SO^4 Fe purifié	traces

A ce milieu il ajoute 1 à 2 pour 100 de divers sels sodiques et constate que *Nitzschia* pousse bien avec 2 p. 100 de Na Cl et *Navicula* avec 1 p. 100 de Na Cl. Le sodium doit être associé au chlore pour être supporté ; les autres sels sodiques sont moins favorables.

Dans son travail sur la nutrition des Algues, Richter (1913) donne les milieux suivants comme intéressants pour la culture des Algues et spécialement des Diatomées.

Milieu sans Chlore, ni Sodium

Eau distillée	1000
$(NO^3)^2$ Ca	0.1 gr.
PO^4 K^2H—	0.2
SO^4 Mg	0.05
SO^4 Fe	trace
Gélose lavée	18 gr.

Autre milieu sans Chlore, ni Sodium

Eau	1000
NO^3 K	0.2 gr.
PO^4 K^2H	0.2
SO^4 Mg	0.05
SO^4 Fe	trace
Gélose lavée	18 gr.

Milieu pour Diatomées d'eau douce

Eau distillée	1000 gr
NO^3 Na	0.2
PO^4 K^2H	0.2
SO^4 Mg	0.05
SO^4 Fe	trace
Si $^3O^5$ K^2	0.01
ou bien Si^3O^5 Ca	0.10
Gélose lavée	18 gr.

Pour les Diatomées marines, on ajoutera au milieu précédent 10 ou 20 grammes de Na Cl.

Liquide nutritif de Sachs

On trouve dans SACHS (Vorlesungen, p. 266) la formule de ce milieu classique, en partie insoluble (sulfate et phosphate de chaux).

Eau	1000 cc
NO^3 K	1.0 gr.
SO^4 Ca	0.5
SO^4 Mg	0.5
$(PO^4)^2$ Ca^3 finement pulvérisé	0.5
Concentration pour 1000	2.5

STRASBURGER (1902) donne une formule analogue mais additionnée de sels de fer.

Eau	1 à 1.5 litre
NO^3 K	1.0 gr.
SO^4 Mg	0.5
SO^4 Ca	0.5
$(PO^4)^2$ Ca^3 ou PO^4 K^3	0.5
Sel de fer	traces
Concentration pour 1000	2.5 à 1.6

CHALON (1901) et STRASBURGER (1902) ajoutent du chlorure de sodium.

Eau	1000
NO^3 K	1.0 gr.
SO^4 Mg	0.5
SO^4 Ca	0.5
SO^4 Fe	0.1
$(PO^4)^2$ Ca^3	0.5
Na Cl	0.5
Concentration pour 1000	3.1

Ce milieu a servi de base à CHALON (1901) pour préparer un milieu devant servir à la culture de *Spirogyra* et d'autres algues d'eau douce. Il prépare la solution concentrée suivante :

Eau	1000 cc
NO^3 K	10 gr.
SO^4 Mg	5
SO^4 Ca	5
PO^4 Ca H	5
Na Cl	5

On fait bouillir ce liquide avec de la tourbe. Celle-ci absorbe les éléments minéraux de la solution. On en fait une provision. Pour effectuer la culture on ajoute de temps en temps un fragment de cette tourbe minéralisée dans un récipient plat (par exemple terrine opaque peu profonde) remplie d'eau pure.

BEHRENS (1908) et KUSTER (1913) reproduisent la formule ci-dessus avec addition de fer.

Eau	1000 cc
NO^3 K	1.0 gr.
SO^4 Mg	0.5
SO^4 Ca	0.5
$(PO^4)^2$ Ca^3	0.5
Na Cl	0.5
Fe Cl^3 ou SO^4 Fe en solution..	quelques gouttes
Concentration pour 1000	3.0

BENECKE (1909 donne la formule précédente mais sans Na Cl et préconise comme sels de fer soit :

Fe^2 Cl^6 en solution	1 à 2 gouttes
soit SO^4 Fe cristallisé	0.005 gr.

Enfin MASSART (1923) indique d'après ERRERA et LAURENT qu'il y a lieu d'ajouter pour la culture des plantes supérieures au liquide primitif de Sachs 0.03 p. 1000 de SO^4 Fe.

D'après nos notes du cours pratique de J. MASSART, voici une formule de milieu de Sachs additionné de sulfate potassique.

Eau	1000 cc
NO^3 K	2.0 gr.
SO^4 Mg	0.5
SO^4 Ca	0.5
$(PO^4)^2$ Ca^3	0.5
Na Cl	0.5
SO^4 K^2	0.5
SO^4 Fe	0.05
Concentration pour 1000	4.55

Nous avons indiqué précédemment les formules dérivées du liquide de Sachs que nous avons utilisées pour la culture des Algues.

Liquide nutritif de Teodoresco (1912 a)

Ce liquide a été utilisé pour la culture de *Chlamydomonas*.

Eau	1000 cc
NO^3 Am	2.0 gr.
PO^4 K^2H	0.75
SO^4 Mg	0.25
Chlorure ferrique	traces

Liquide de Tollens

BEHRENS (1908), p. 43, et KUSTER (1913) signalent ce milieu pour
la culture des plantes supérieures. Ce milieu peut être considéré
comme un dérivé du liquide de Sachs. On forme trois solutions salines *a*, *b* et *c* que l'on ajoute à la dose de 10 cc chacune à 1 litre
d'eau et l'on complète par addition de fer. Pour les algues ce milieu
est employé à la concentration de 1 à 2 pour 1000, c'est-à-dire tel
quel ou dilué de moitié.

				Milieu fini
	Eau		....	1000 cc
	Eau	100 cc	....	10 cc
Solution *a*	$(NO^3)^2$ Ca	10.0 gr.	....	1.0 gr.
	NO^3 K	2.5	....	0.25
	Na Cl	1.5	....	0.15
Solution *b*	Eau	100 cc	....	10 cc
	Phosphate de K	2.5 gr.	....	0.25 gr.
Solution *c*	Eau	100 cc	....	10 cc
	SO^4 Mg	5.0 gr.	....	5.00 gr.
Concentration pour 1000				2.09

Nous ne pensons pas que ce liquide ait été utilisé de façon courante pour la culture des Algues.

Liquide de Treboux (1905)

TREBOUX (1905) a cultivé dans ce milieu de nombreuses espèces
d'algues (cultures unialgales).

Eau	1000 cc
SO^4 $(NH^4)^2$	0.33 gr.
PO^4 K^2H	0.10
SO^4 Mg, $7H^2O$.....................	0.025
SO^4 K^2	0.025
SO^4 Fe, $7H^2O$.....................	0.005
Concentration pour 1000...........	0.485

Ce milieu a une réaction alcaline d'après l'auteur. LETELLIER (1917)
reproduit cette formule mais indique pour SO^4 Fe une dose de 0.025
p. 1000, cinq fois plus forte que dans la liqueur originale. LETELLIER

ajoutait à cette solution de la gélose lavée aux acides et aux bases
et des hydrates de carbone à la dose de 0.25 p. 1000. TREBOUX (1905)
avait additionné la solution de sels organiques aux doses de 0.5 à
1 p. 1000. Il détermine le rendement des Algues pour de nombreux
sels organiques par pesée de récoltes évalués en substance sèche
par litre.

Liquide d'Uspensky

USPENSKY et USPENSKAJA (1925) ont cultivé deux *Volvox* (*minor* et
globator) dans le liquide suivant :

		Solutions concentrées
Eau (compléter le volume à)	1000 cc	
$NO^3 K$	0.025 gr.	5 p. 100
$SO^4 Mg$	0.025	5 p. 100
$(NO^3)^2 Ca$	0.100	20 p. 100
$PO^4 KH^2$	0.025	5 p. 100
$CO^3 K^2$	0.0345	Solution normale
$(SO^4)^3 Fe^2$	0.00125	1 gr. $Fe^2 O^3$ p. lit.
Concentration pour 1000	0.21075	

La solution a un pH à 7.6 à 18-20° C. Réajuster au besoin.

Les auteurs russes donnent de longues explications sur la façon
de composer le milieu. Il faut un stock de solutions concentrées
composées comme indiqué dans la dernière colonne. De chacune de
ces solutions on prend un demi centimètre cube et on les mélange
dans un litre d'eau en ajoutant dans l'ordre indiqué, en mélangeant
le tout. Le mieux est d'ajouter, après stérilisation des liquides, la
solution de fer stérilisée séparément au mélange stérile des autres
composants. Cela afin d'éviter des précipitations troublantes. L'addition de fer et le tamponnage du liquide par du citrate sont intéressants, nous en reparlerons plus loin. L'addition de fer doit être
périodiquement répétée.

PASCHER (1927) reproduit la formule ci-dessus avec quelques erreurs typographiques.

Liquide nutritif de Von der Crone

Ce liquide nutr'tif destiné à l'étude des végétaux supérieurs n'est pas très favorable (ux Algues d'après BENECKE (1909), c'est d'ailleurs ce que reconnaît ST. ASBURGER (1902), p. 661. Ce milieu est caractérisé par l'insolubilité des phosphates, le milieu doit être agité.

Eau distillée.........................	1000 cc
NO^3 K.............................	1.0 gr.
SO^4 Ca.............................	0.5
SO^4 Mg	0.5
$(PO^4)^2$ Ca^3	0.25
$(PO^4)^2$ Fe^3	0.25
Concentration pour 1000...........	2.50

ANDREESEN (1909) fit des essais peu encourageants pour la culture de *Closterium* et de *Cosmarium* avec liquide de VON DER CRONE de concentration saline comprise entre 0.5 et 50 p. 1000.

Plus récemment KNOKE (1924) utilisa ce milieu dilué et neutre pour la culture de *Volvox aureus*, mais il n'a pas déterminé les concentrations salines optimales de culture ; pour *Volvox* cet auteur indique comme utile une concentration de 0.25 p. 1000, c'est-à-dire le milieu type dilué dix fois.

Milieu de Von Wettstein

VON WETTSTEIN (1921) utilise concurremment au liquide de Benecke, le milieu suivant dit à la tourbe. VON WETTSTEIN estime que les concentrations en sels pour la culture des Algues doit être de 0.5 p. 1000 au maximum et si l'on emploie de la gélose (lavée) on ne doit pas dépasser 1 p. 100 d'agar.

Le milieu à la tourbe de Wettstein est composé d'un mélange de deux solutions, l'une à sels inorganiques, l'autre à base de tourbe.

Solution A

Eau distillée	1000 gr.
PO^4 $(NH^4)^3$	0.2 gr.
SO^4 Mg.............................	0.05
Ca Cl^2	0.05

SO⁴ Ca	0.05
PO⁴ K²H	0.05
Fe² Cl⁶ solution à 1 p. 100	1 goutte
Concentration pour 1000	0.40

Dissoudre séparément les divers sels à froid et dans l'ordre indiqué.

Solution B

Tourbe	250 gr.
Eau	1000

Faire bouillir quelques heures. L'extrait obtenu est brun, on le diluera jusqu'à teinte brun clair avec de l'eau.

Mélanger les solutions A et B et géloser à 1 p. 100.

Ce milieu à la tourbe a été utilisé par BELAR (1923) dans ses recherches sur *Actinophrys sol.*

Liquides nutritifs de Zumstein

ZUMSTEIN (1899) a avancé qu'*Euglena gracilis* est favorisé dans son développement par les acides organiques et notamment par l'acide citrique. Ces faits n'ont pas été confirmés. Nous donnons néanmoins deux des milieux qu'il utilise et que DÖFLEIN (1909) signale comme favorable à ce Flagellate.

Eau	98 cc
Peptone	1.00 gr.
Sucre de raisin	0.4
Acide citrique	0.4
SO⁴ Mg	0.02
PO⁴ KH²	0.05
NO³ NH⁴	0.03
Concentration pour 1000	19.2

Eau	100
Peptone	0.5 gr.
Sucre de raisin	0.5
Acide citrique	0.2
SO⁴ Mg	0.02
PO⁴ KH²	0.05
Concentration pour 1000	12.7

LIQUIDES NUTRITIFS POUR MICROORGANISME VARIÉS AUTRES QUE LES ALGUES

Nous donnons ci-dessous quelques formules de liquides nutritifs qui ont servi spécialement pour des protozoaires, des microbes et des champignons. Il n'est pas inutile d'ajouter aux liquides qui ont plus spécialement servi à l'étude des Algues, les quelques milieux suivants. Nous les classons dans l'ordre chronologique.

Liquide nutritif de Pasteur

CHALON (1901), p. 15, donne une formule de ce milieu classique.

Eau	838 gr.
Sucre pur	150
Acétate d'Ammonium	10
$SO_4 Mg$	0.2
$PO_4 Ca H$	0.2
$PO_4 KH_2$	0.2
Concentration pour 1000 sans sucre	10.6

Ce milieu ainsi que ceux de Hansen, le célèbre savant danois, a servi aux cultures de levures.

Liquides nutritifs de Hansen

Eau	1000 gr.		Eau	1000 gr.
Peptone	10		Peptone	10
Dextrose	50		Maltose	50
$PO_4 KH_2$	3		$PO_4 KH_2$	3
$SO_4 Mg$	2		$SO_4 Mg$	2
Concentration pour 1000 sans sucre	15		Concentration pour 1000 sans sucre	15

Liquide de Raulin

Ce milieu a souvent été utilisé non seulement pour l'étude des Champignons, mais aussi à l'occasion pour celle des Algues.

Les formules de ces milieux ne sont pas toujours semblables. Il suffira de comparer celle donnée par CHALON (1901) et celle indiquée par DOP et GAUTIÉ (1909).

Formule d'après CHALON (1901)

Eau	1500 gr.
Acide tartrique	4
$NO^3 NH^4$	4
$PO^4 Am^2 H$	0.6
$CO^3 K^2$	0.6
$CO^3 Mg$	0.25
$SO^4 Zn$	0.07
$SO^4 Fe$	0.07
Silicate de K	0.07
Sucre candi	70
Concentration pour 1000 sans sucre..	6.44

Formule d'après DOP et GAUTIÉ (1909)

Eau distillée	1500 gr.
Acide tartrique	4
$NO^3 NH^4$	4
Phosphate d'Ammonium	0.6
$CO^3 K^2$	0.6
$CO^3 Mg$	0.4
$SO^4 (NH^4)^2$	0.25
$SO^4 Fe$	0.07
$SO^4 Zn$	0.07
Silicate de K	0.07
Sucre candi	70
Concentration pour 1000 sans sucre....	6.72

Liquide de RAULIN modifié par LUTZ (1902)

Eau distillée	1500 gr.
Sucre candi	70
Tartrate neutre de K	6.50
$NO^3 NH^4$	4.50
Phosphate de K	0.60
$CO^3 Mg$	0.40
$SO^4 K^2$	0.25

SO⁴ Zn 0.07
SO⁴ Fe 0.07
Silicate de K....................... 0.07
Concentration pour 1000 sans sucre.... 8.31

Ce milieu neutralisé par CO_3 Ca est additionné de 0.2 à 0.5 p. 100 de composés azotés (amides, composés benzéniques, etc.). On le stérilise par tyndallisation à 55° C pendant 20 minutes pour les essais faits avec l'*Aspergillus niger*.

Liquide de Wildiers pour levures (WILDIERS 1901)

Eau .... 1000 gr.
SO⁴ Mg 2.5
K Cl................................. 2.5
Cl NH⁴ 2.5
PO⁴ Na² H........................... 2.5
CO³ Ca 2.5
Concentration pour 1000............. 11.5

On ajoute 10 p. 100 de sucre.

Liquide de E. Laurent pour levures

Ce liquide a l'avantage de ne pas donner de précipités, d'après CHALON (1901), il est composé comme suit :

Eau .... 1000 cc
PO⁴ K²H............................. 0.75
SO⁴ (NH⁴)² 5.00
SO⁴ Mg 0.1
Acide tartrique..................... 1.0
Sucre 50.0
Concentration pour 1000 sans sucre.... 6.85

Milieu pour la culture de Flagellates

BERLINER (1909) signale le milieu gélosé suivant :

Eau de canalisation................. 90 gr.
Bouillon nutritif 10
Gélose 0.5

Milieu pour amibes de Boëck et Drbohlav (1925)

Ce milieu est à base d'œuf, son pH doit être de 7.2 à 7.8. Il est composé par le liquide de Locke.

Eau	1000 cc
Na Cl	9.0 gr.
Ca Cl'	0.2
K Cl.............................	0.4
CO' Na H........................	0.2
Glucose	2.5

On ajoute 50 centimètres cubes de liquide à 4 œufs puis l'on fait coaguler l'œuf à la chaleur. Ce milieu solidifié est humecté par une solution à 1 p. 100 d'albumine cristallisée dissoute dans le liquide de Locke. On doit repiquer les amibes tous les deux jours. Elles se développent surtout au fond du liquide ou au contact de la couche solide. Ce milieu est inspiré de la solution de Ringer, que nous donnons ci-après avec une de ses modifications.

Solution de Ringer

GENEVOIS (1928) fit des expériences physiologiques sur la respiration dans le milieu suivant :

100 centimètres cubes	Na Cl		à 9 p. 1000
2 —	—	K Cl	à 11.5 p. 1000
2 —	—	Ca Cl' (anhydre)	à 12.2 p. 1000

Ce liquide a un pH voisin de 7.4 et a été mis en expérience pour les diverses Algues décrites par VISCHER (1926) et avec *Chlorella pyrenoidea* de CHICK (1903). Ces Algues, d'après GENEVOIS, étaient en culture pure, condition indispensable pour ses recherches.

Liquide nutritif pour Actinosphærium

Utilisé par SPEK (1921) pour *A. Eichhorni.*

Eau distillée	300 cc
Na Cl (0.3 mol)....................	1.5 cc
Ca Cl' (0.3 mol)...................	0.6

$$
\begin{aligned}
&\text{K Cl (0.3 mol)} \ldots\ldots\ldots\ldots\ldots\ldots \quad 0.1\\
&\text{CO}^3\text{ Na H (0.3 mol)} \ldots\ldots\ldots\ldots \quad 2.0
\end{aligned}
$$

Il est peu probable qu'il s'agisse de culture pure dans les expériences de SPEK.

Liquide de Frouin et Guillaumie (1928)

Ce liquide a été utilisé pour la culture en milieu synthétique du bacille tuberculeux.

$$
\begin{aligned}
&\text{Eau distillée} \ldots\ldots\ldots\ldots\ldots\ldots \quad 1000 \text{ cc}\\
&\text{PO}^4\text{ K}^3 \ldots\ldots\ldots\ldots\ldots\ldots\ldots \quad 1 \text{ gr.}\\
&\text{SO}^4\text{ Mg} \ldots\ldots\ldots\ldots\ldots\ldots\ldots \quad 1\\
&\text{Citrate de Na} \ldots\ldots\ldots\ldots\ldots\ldots \quad 1
\end{aligned}
$$

Le citrate sodique n'est pas indispensable mais empêche la précipitation de la magnésie. A ce milieu, on ajoute :

$$
\begin{aligned}
&\text{Glycérine} \ldots\ldots\ldots\ldots\ldots\ldots\ldots \quad 40 \text{ gr.}\\
&\text{Asparagine} \ldots\ldots\ldots\ldots\ldots\ldots\ldots \quad 5
\end{aligned}
$$

Milieu de Thornton pour bactéries du sol

THORNTON (1922) donne un milieu gélosé, standarisé pour l'étude de la numération des bactéries du sol, qui entrave le développement des champignons et des bactéries envahissantes (*B. dendroides*).

$$
\begin{aligned}
&\text{Eau (compléter à 1000)} \ldots\ldots\ldots \quad 1000 \text{ cc}\\
&\text{PO}^4\text{ K}^2\text{H} \ldots\ldots\ldots\ldots\ldots\ldots \quad 1.00 \text{ gr.}\\
&\text{SO}^4\text{ Mg} \ldots\ldots\ldots\ldots\ldots\ldots \quad 0.20\\
&\text{Ca Cl}^2 \ldots\ldots\ldots\ldots\ldots\ldots\ldots \quad 0.10\\
&\text{Na Cl} \ldots\ldots\ldots\ldots\ldots\ldots\ldots \quad 0.10\\
&\text{Fe Cl}^3 \ldots\ldots\ldots\ldots\ldots\ldots\ldots \quad 0.02\\
&\text{NO}^3\text{ K} \ldots\ldots\ldots\ldots\ldots\ldots\ldots \quad 0.5\\
&\text{Asparagine} \ldots\ldots\ldots\ldots\ldots\ldots \quad 0.5\\
&\text{Mannite} \ldots\ldots\ldots\ldots\ldots\ldots\ldots \quad 1.0\\
&\text{Gélose} \ldots\ldots\ldots\ldots\ldots\ldots\ldots \quad 12.0\\
&\text{Concentration en sels pour 1000} \ldots \quad 3.42
\end{aligned}
$$

L'auteur donne des détails sur la façon de composer ce milieu qui doit avoir un pH de 7.4.

L'utilisation de semblables milieux peut être intéressante pour les algologistes car il permet d'apprécier la population microbienne des milieux renfermant des Algues.

Milieu de Bach (1927)

BACH (1927) signale que les sels ammoniacaux des acides minéraux forts sont des aliments azotés médiocres pour les Mucorinées. Il y a une forte acidification du liquide. On obtient un développement régulier des champignons si l'on tamponne le milieu par 1 p. 100 de citrate de sodium.

Eau redistillée	1000 cc
Glucose	40 gr.
$PO^4 KH^2$	1.36 gr.
K Cl	0.745
$SO^4 Mg$	0.492
$SO^4 Zn$	0.01
$SO^4 Fe$	0.01
$SO^4 (NH^4)^2$	6.70
Concentration pour 1000 sans sucre	8.317

Ajuster le pH à 6.4 par de la soude N/5 et stériliser à 110° à l'autoclave (20 minutes), tamponner en ajoutant :

Citrate de Na .... 1 p. 100

Les liquides tamponnés possèdent, sans qu'il soit nécessaire d'ajuster le pH, un pH voisin de 6.4.

APERÇU GÉNÉRAL SUR LES SOLUTIONS NUTRITIVES

Nous venons de passer en revue la majorité des liquides nutritifs ayant servi depuis les débuts de l'algologie expérimentale à la culture des Algues. Un premier examen aura montré la variété des formules utilisées. Il y a lieu de noter que les divers expérimentateurs ont changé, au cours de leurs recherches, les liquides nutritifs, supprimant certains éléments, en ajoutant d'autres. Nous n'avons naturellement pas signalé les variantes expérimentales.

Malgré la diversité des liquides employés, on reconnaît pourtant certains principes directeurs. VINES (1898) indique d'une façon générale que la distinction entre les principes indispensables et ceux qui ne le sont pas est basée sur l'emploi des cultures liquides. On fait varier les éléments des solutions et observe expérimentalement l'état des plantes qui y sont placées. Les deux types suivants de liquides nutritifs renferment tous les éléments reconnus comme essentiels.

— 1 —	— 2 —
Nitrate de potassium	Nitrate de calcium
Phosphate de calcium	Sulfate de potassium
Sulfate de magnésium	Phosphate de magnésium
Chlorure de fer	Chlorure de fer

Ces deux formules renferment les mêmes éléments inorganiques, les mêmes acides et les mêmes bases, tous se trouvent sous une forme propre à l'absorption. La proportion des sels ne doit pas excéder 3 p. 100 en poids du liquide.

On conçoit qu'en s'inspirant de ces principes, les divers chercheurs aient pu s'ingénier à créer des milieux multipes. Non seulement on s'est efforcé de varier les éléments solubles, mais aussi de les répartir à des doses variées. Les milieux renfermant tous les corps considérés comme indispensables à une bonne végétation sont dits complets. En réalité les schémas d'après lesquels ces milieux complets sont constitués sont peu nombreux, presque tous sont des dérivés plus ou moins perfectionnés des milieux de Cohn, Sachs, Detmer, Beijerinck et Knop. Ces formules primitives sont déjà anciennes, la plupart sont vieilles de plus de cinquante ans. Elles ont rendu d'inestimabes services et permettent la culture de nombreuses espèces d'Algues.

Mais, au fur et à mesure des recherches, on s'est rendu compte que toutes les Algues ne se laissent pas cultiver aisément. Qu'il y a certaines d'entre elles qui manifestent des préférences pour tel ou tel corps et que les milieux complets généraux sont insuffisants. Dans cet ordre d'idées BEIJERINCK a préconisé pour la culture des Cyanophycées l'emploi exclusif de phosphate bipotassique. MIQUEL (1890) avait cultivé les Diatomées en ajoutant à l'eau des solutions destinées à la « minéraliser », tout en éliminant autant faire que se peut tout autre organisme. CHALON (1901) propose de minéraliser les eaux algifères par addition de fragments de mousses imprégnées d'une solution saline concentrée. OEHLMANN (voir ANDREENSEN (1909) consacrant le fait très connu que les Desmidiées vivent dans les milieux pauvres en chaux, propose un liqu de d'où cet élément est exclu. L'étude des organismes halophiles n'est possible que dans des milieux nutritifs additionnés de fortes proportions de sel ainsi que le montrent O. RICHTER (1909), ARTARI (1914).

Il y a non seulement des substances inorganiques qui favorisent certaines Algues, mais il y a aussi tout le groupe des matières organiques. Depuis longtemps, CHODAT avait signalé et utilisé avec succès l'addition de faibles quantités de glucose (1 à 2 p. 100 en général) pour obtenir en culture un développement rapide des Algues. Ce sucre est en effet excellent. D'autres auteurs ont insisté sur le rôle que jouent les matières organiques. Il est aussi bien connu que dans la nature les eaux renferment des quantités parfois très importantes de composés organiques. Appliquer cette notion aux recherches expérimentales était tout naturel. Aussi voyons-nous dès le début de l'algologie expérimentale MIQUEL (1890), HAUGHTON GILL (1893) entrer dans cette voie et utiliser des infusions très peu concentrées de ces substances. C'est dans le même ordre d'idées que VON WETTSTEIN (1921), KILLIAN (1923) utilisèrent des extraits de tourbe et de nombreux auteurs : PRINGSHEIM (1914), GLADE (1914), etc., des extraits de terre. Mais il ne s'agit là que de composés organiques mal définis. On utilise aussi la gamme des substances organiques azotées ou à base d'acides organiques.

La peptone est certainement un des composés azotés qui fut le plus utilisé, mais son action favorisante à l'égard des Algues n'est pas ainsi marquée que pour les microbes. Les doses de 1 p. 100 de peptone sont trop fortes et entravent le développement, c'est généralement entre 0.1 et 0.5 pour 100 que l'on rencontre les doses favorisantes. Au lieu de peptone, on a employé des extraits de Liebig, du bouillon de culture, mais ces substances conviennent mieux aux Flagellates et Protistes non chlorophylliens, voir WOODRUFF, JOLLOS (1921), LWOFF (1925).

Les albumines complexes ont été utilisées spécialement par JACOBSEN (1910) à l'état de putréfaction : la fibrine, le blanc d'œuf putréfiés permettant de multiplier certaines Volvocacées. D'après de nombreux expérimentateurs le glycocolle, l'asparagine, les acides amidés peuvent avantageusement être ajoutés aux liquides, certains sels ammoniacaux (acétate, lactate) ne sont à dédaigner.

Parmi les sucres et alcools, le glucose est à mettre hors de pair comme activant des végétations ; il est à préférer au saccharose, au lactose qui sont moins favorables que le maltose. La mannite peut être utilisée. Les acides organiques et leurs sels ont été moins souvent utilisés dans les milieux de culture pour Algues. Il y a le cas de l'acide citrique qui, d'après ZUMSTEIN (1899), favorise les Euglènes, mais cette observation n'a pas reçu complète confirmation. Le tartrate se trouvant dans le liquide de Raulin est utilisable pour les Algues. En général pourtant, les milieux utilisés pour la culture des Algues ne renferment pas de sels organiques. Ce n'est que dans les essais physiologiques qu'on les a additionnés pour apprécier leur valeur comme aliment. Il y a lieu de citer le cas d'addition de citrate de soude employé, non comme aliment, mais comme tampon par USPENSKI (1925) et BACH (1927).

Parmi les substances complexes offertes aux Protistes comme aliments on peut citer les microbes ou levures utilisés dans les cultures mixtes.

On voit que petit à petit en étendant les cultures à diverses Algues et aux Protistes, on est arrivé à composer des milieux de plus en plus variés, basés néanmoins sur les liquides nutritifs inorganiques classiques. L'évolution des milieux de culture est donc marquée par la multiplicité des éléments nouveaux utilisés.

Le progrès des recherches algologiques et les tentatives pour arriver à l'isolement d'espèces de plus en plus variées, ont amené petit à petit les auteurs à diminuer les concentrations des milieux. A cet égard le milieu d'USPENSKY (1925) et mieux celui de GENEVOIS (1924) peuvent être comparés aux anciens liquides nutritifs utilisés pour les Algues.

Des perfectionnements continuels transforment l'algologie culturale. On s'est aperçu qu'une même formule de liquide nutritif ne convient pas à toutes les Algues. Comment en serait-il autrement ? Il suffit de jeter un coup d'œil sur la variété des habitats des Algues pour comprendre que le travailleur de laboratoire, s'il veut réussir des isolements, doit s'inspirer de ce qui se passe dans la nature et modifier en conséquence ses procédés de culture, les milieux qu'il entend employer.

Partout on trouve des Algues, sur la terre, les roches, les murs, les arbres, dans les eaux. Et quelle multiplicité d'habitats variés : eaux calcaires, séléniteuses, sulfureuses, ferrugineuses, bicarbona-

tées, magnésiennes (voir LIPMAN, 1920), eaux presqu'aussi pures
que l'eau distillée, eaux saumâtres, eaux tourbeuses et plus ou moins
riches en matières organiques, etc. Sur la composition de ces divers
habitats, on n'a que des données peu précises. C'est à peine si l'on
a des indications sur leur composition chimique globale, leur teneur
en principes solubles, en principes insolubles, en principes colloï-
daux. Dans ces derniers temps, on a étudié avec intérêt le pH des
divers milieux naturels, mais ce n'est là qu'un des conditions générales qui régissent la vie dans la nature.

Il n'est pas inopportun de faire une étude des milieux de culture
basée sur la physiologie générale et les faits nouveaux acquis par
la science. Ce sera l'objet du dernier chapitre.

PREPARATION DES MILIEUX DE CULTURE

Les liquides nutritifs dont nous venons de donner les formules
ne sont pas toujours utilisés tels quels. En effet, à côté des cultures
en milieux purement liquides avec ou sans addition de corps organiques ou de substances osmotiques, toxiques, etc., on emploie très
souvent pour les Algues des supports solides, soit que l'on donne
une consistance plus ou moins forte aux milieux par addition de
gélose, de gélatine, de silice gélatineuse, etc., soit en imprégnant
avec les liquides nutritifs des matières poreuses : porcelaine dégourdie, blocs de plâtre, tourbe, papier filtre, terre, craie.

En général tout le matériel à employer pour les cultures doit
être stérilisé. C'est évidemment la condition essentielle pour aboutir
à des résultats valables. Il ne faut pas se faire d'illusions ; certains
auteurs ne se donnent pas la peine de procéder à la stérilisation
des milieux. Ainsi HARTMANN (1921) pour les cultures d'*Eudorina
elegans* indique qu'une stérilisation absolue n'est pas nécessaire.
Il utilise la verrerie nettoyée à l'acide mais ne paraît pas avoir utilisé
de la verrerie stérile. Déjà antérieurement, HARTMANN (1918) travailla
avec le même manque de précautions. KNOCKE (1924) ne paraît pas
avoir opéré dans de meilleures conditions avec *Volvox aureus*. LI-
VINGSTONE (1905) utilisant *Stigeoclonium* écrit que la stérilisation
n'a pas paru nécessaire, vu l'absence de corps organiques dans les
liquides nourriciers utilisés. Ce même auteur employait au lieu de
matériel flambé, des baguettes en bois de cure-dent et il ajoute qu'il

eut soin d'en utiliser un nouveau à chaque repiquage. PEEBLES (1909) travaillant avec *Hæmatococcus pluvialis* utilise des verres de montre, des cultures en goutte pendante sans stérilisation. BÉLAR (1923) écrit qu'il ne prépare jamais les liquides de Knop servant à la culture d'*Actinophrys sol* plus de cinq jours à l'avance à cause du développement des Chlorelles dans ce milieu.

Les exemples donnés ci-dessus et d'autres, que nous ne citons pas, montrent à suffisance que la stérilisation n'est pas généralement employée par les chercheurs. Cela peut paraître paradoxal. Il n'est pas inutile de réclamer de ceux qui veulent étudier le Algues en culture d'utiliser un matériel stérile. On devra suivre pour cela de façon absolument stricte les règles bactériologiques de préparation des récipients, des milieux. Les ensemencements, toutes les manipulations quelconques doivent être faites avec du matériel flambé comme en bactériologie microbienne.

Il n'est pas douteux que c'est à l'absence de ces précautions élémentaires qu'il faut attribuer une partie des échecs et de la non réussite des cultures d'Algues. Dès le prélèvement dans la nature, on observera ces prescriptions, en utilisant des récipients de récolte stérilisés au four, les prélèvements se feront avec du matériel flambé : cuillère, couteau passés dans la flamme d'une lampe à alcool. Dès l'arrivée au laboratoire, on traitera le matériel pour isolements comme on le fait pour les cultures microbiennes. Déjà en 1902, GRINTZESCO et l'école de CHODAT insistaient sur ces points aussi bien précisés par MIQUEL (1890).

Il n'entre pas dans notre intention de décrire ici la façon de stériliser. On consultera à ce sujet les traités de bactériologie et s'initiera aux manipulations nécessaires dans un laboratoire bactériologique.

La verrerie à utiliser doit être propre. Il peut sembler puéril d'avancer ce truisme. Pourtant, à l'examen de la littérature, on voit qu'il n'est pas inutile d'insister sur ces points. Le nettoyage de la verrerie est justifié par la qualité souvent très variable des verres. On sait qu'il y a actuellement des verres très peu solubles, du matériel en pyrex, en quartz qui présentent de grandes qualités, mais qui est encore assez coûteux. Les verres habituels se laissent attaquer plus ou moins facilement, surtout par les liqueurs alcalines, par l'action de la chaleur lors de la stérilisation et surtout du flambage par celle des substances chimiques. Les verreries neuves seront passées à l'acide (acide nitrique ou chlorhydrique, bichromate sulfurique), lavées à l'eau, rincées à l'eau distillée, séchées. MAERTENS (1914) donne des indications analogues. USPENSKY (1925) conseille le lavage des verres à l'acide sulfurique concentré et conseille d'y ajouter un peu d'acide oxalique ou tartrique pour enlever les traces de fer.

PRINGSHEIM (1926) donne de longues explications sur la manière de traiter la verrerie. Les tubes à essai seront calibrés, l'avantage du calibrage est de permettre une comparaison des cultures et lors de l'emploi des indicateurs pour la mesure du pH, facilite les lectures. On s'efforcera d'employer des verres de même épaisseur, de même teinte et aussi résistants que possible. Les verres de mauvaise qualité abandonnent du K ou du Ca qui peuvent modifier les résultats des cultures.

Comme matériel à flamber au four, on utilise les tubes à essai à bord droit, utilisés en bactériologie, les boîtes de Petri et de Roux, les fioles d'Erlenmeyer, des cristallisoirs fermés par des couvercles hermétiques, etc. Les pipettes à utiliser seront toutes stérilisées, l'emploi de pipettes jaugées stériles n'est utile que dans certains cas particuliers ; le plus généralement il est avantageux de faire usage de pipettes étirées, en verre, avec lesquelles, on peut faire des pipettes à boule pour transvaser de grandes quantités de culture. Les cultures en goutte pendante seront faites dans les conditions de stérilité requises, toutes les manipulations se faisant de manière à éviter la possibilité d'infections étrangères.

La stérilisation des milieux de culture se fait à l'autoclave ; soit sous pression pour la gélose, soit par chauffage à 100°, à la vapeur fluente pour la gélatine, chauffage que l'on répètera à trois jours d'intervalle. Dans quelques cas spéciaux on utilisera la tyndallisation, ainsi LUTZ (1902); les procédés de chauffage à 56°, tels qu'on les pratique pour rendre les sérum aseptiques, la filtration sur bougie Chamberland préconisée par MIQUEL (1890) serviront aussi. Les procédés récents de vaccination ou d'immunisation des liquides fermentescibles proposés par BOULARD (1926) devraient être essayés. Cet auteur indique qu'un chauffage répété à 45° C, (à quelques degrés au-dessous de la température mortelle des levures) pendant 1 heure, rend les liquides infermentescibles. MALVEZIN (1927) indique la possiblité de vacciner les vins pour enrayer les fermentations secondaires. On pourrait essayer de vacciner ainsi les cultures brutes

contre les microbes qui les envahissent et éviter ainsi une concurrence défavorable aux Algues, tout en facilitant leur isolement.

11 faut avoir présent à l'esprit qu'un grand nombre de matières
organiques se décomposent à haute température. Ces décompositions
sont activées lorsque ces substances sont en contact avec les sels
des liquides inorganiques servant de base aux milieux de culture.
Pour éviter ces actions, on conseille de stériliser à part par des procédés appropriés aux produits, les milieux de base et les matières
organiques que l'on prépare en concentration appropriée, dont on
ajoute 1 ou 2 centimètres cubes aux milieux stériles. On évite ainsi
des décompositions qui peuvent être défavorables aux cultures ou
amener à des interprétations erronées.

A. BERTHELOT (1926) a montré que le verre lui-même peut donner
lieu à des réactions modificatrices des milieux synthétiques. En
stérilisant simultanément le milieu synthétque pour le Bacille pyo-
cyanique et la tyrosine dans des verres différents (ordinaires, verre
vert, résistance glas, pyrex, etc.) BERTHELOT observa que la culture
se fait bien pour les verres ordinaires et attaquables et mal pour les
verres insolubles. Sous l'action du verre la tyrosine se décompose
partiellement, il se dégage ainsi des traces d'ammoniaque qui facilite
la culture.

HARTMANN (1921) a constaté que les cultures d'*Eudorina* maintenues pendant plus de deux ans dans la même verrerïe, s'étiolaient.
En utilisant de la verrerie neuve, il constata que les cultures repren-
naient leur vigueur. KNOCKE (1924) confirme ces faits et, tout comme
JOLLOS (1921) signale l'importance de la nature du verre. Nous savons
déjà que ces chercheurs ont travaillé dans des conditions toutes
différentes de l'asepsie. Les conseils qu'ils donnent pour le nettoyage
des verreries dérivent de leur façon de travailler ; pourtant les observations plus précises et vérifiées de BERTHELOT montrent que leurs
explications sont plausibles.

Une des questions les plus importantes lorsqu'il s'agit d'effectuer
des cultures expérimentales d'Algues et spécialemnt de s'assurer
si tel ou tel élément, etc., est assimilable, est d'opérer avec des substances pures. On sait que les substances chimiques des laboratoires
ne présentent pas toujours une pureté suffisante. A côté des éléments
normaux, il y a des traces ou même des quantités d'impuretés assez
notables. C'est ainsi que des sulfates, préparés avec de l'acide sulfurique qui n'est pas absolument pur, peuvent renfermer des traces

d'arsenic. Or les sels d'arsenic sont toxiques ou peuvent entraver
le développement que l'on croirait favoriser par l'emploi des sulfates.
Des expériences avec de grandes quantités de sulfates (étude des
actions osmotiques) peuvent être ainsi totalement viciées. Les sulfates peuvent aussi renfermer des traces de plomb. Suivant que le
chlorure de sodium est extrait de la mer ou de roches salines, il
pourra présenter certaines substances associées. Les sels ammoniacaux provenant de la distillation des gaz de houille peuvent être
souillés par des produits variés. Il y a donc lieu de faire attention,
de s'assurer de la pureté des produits chimiques que l'on utilise
et de les purifier par les procédés de la chimie.

Avant tout, on devra veiller à la pureté de l'eau que l'on utilise.
En parcourant les formules de milieux nutritifs, on voit à chaque
pas qu'il y a lieu d'employer de l'eau distillée. Or l'expérience a
montré que l'eau distillée ordinaire est toxique, principalement parce
qu'elle renferme des traces de plomb, de cuivre provenant des appareils distillatoires. On devra non seulement, comme on le fait
généralement rejeter les premières et dernières portions qui passent
à la distillation mais devra avoir soin pour les cultures d'Algues,
de redistiller l'eau, non plus dans un appareil métallique, mais dans
un de verre ne se laissant pas attaquer ; les appareils à distiller
en pyrex, en quartz sont actuellement fort à conseiller à ce point
de vue. Les eaux de canalisation ne peuvent servir car elles renferment des sels de plomb. Ces sels ne sont pas toxiques pour toutes
les Algues, à preuve les cultures abondantes de Chlorelles et de
petites Diatomées que l'on remarque dans les réfrigérants de laboratoire, mais elles sont des plus nuisibles pour les espèces délicates
par exemple les Desmidiées, d'après PRINGSHEIM (1918), ce qui explique les résultats négatifs d'ANDREENSEN (1909).

Voici quelques prescriptions techniques préconisées pour la
purification de l'eau. D'après PRINGSHEIM (1920) l'eau sera distillée
en appareil convenablement étamé en présence d'un peu de permanganate et d'acide sulfurique. Le réfrigérant sera en verre d'Iéna
ou en platine. L'eau condensée est récoltée dans des vases d'Iéna
ou de verre dur, fermés à l'émeri. MOLISCH. en 1896, travaillant avec
l'eau dépouillée de sels de Ca, de K et de Mg recommande les verres
paraffinés mais ces dispositifs peu commodes pour un usage courant
ne sont pas à conseiller. D'autant plus que récemment, DRZEWINA
et BOHN (1927) ont montré que la paraffine et surtout la stéarine

ne sont pas indifférentes à la vie des microorganismes ; ainsi les Paramécies meurent assez rapidement en vases stéarinés. la paraffine est moins nocive. Les Paramécies en vases paraffinés sont moins sensibles au rouge neutre à 1/10.000.

On pourra dans les cas courants utiliser avantageusement l'eau de pluie, directement récoltée au moyen d'un entonnoir planté dans un ballon de verre. Cette eau est très pure et si on a soin de n'opérer la récolte que quand les premières eaux sont tombées du ciel, on obtient une eau dépourvue de métaux toxiques. Au besoin on distillera cette eau avec un peu de permanganate sulfurique en prenant les précautions d'usage. Il est prudent lorsqu'on fait une provision de ces eaux de les pasteuriser, car il y a toujours des germes microbiens ou des Algues qui finissent par se développer même dans l'eau distillée ou très pure conservée telle quelle.

MILIEUX CONSISTANTS ET SOLIDES

Pour rendre les milieux consistants on les additionne généralement de gélatine ou de gélose (agar-agar). En ce qui concerne la gélatine que l'on prend de la qualité la meilleure et la plus pure, il n'y a guère des prescriptions spéciales pour sa purification. Il n'en est pas de même pour la gélose, qui est un produit commercial, parfois fortement souillé.

On préférera la gélose en fibres, à la gélose en poudre qui se nettoye plus difficilement. La gélose ordinaire est parfois entremêlée de pailles, de bois, de débris divers dont il est bon de se débarrasser par filtration à chaud. La gélose est un produit assez bien défini chimiquement depuis peu, voir notamment à ce sujet les études d'EFFRONT (1926). Par elle-même, l'agar-agar, qui est un éther sulfurique de la gélose ($C^6 H^{10} O5$) 57 SO^4 H, n'est guère fermentescible par les microgermes ; elle n'est pas alimentaire et forme donc un milieu indifférent au point de vue nutritif. Comme milieu consistant elle forme une masse à surface rigide, lisse. C'est une matière qui possède, ainsi que l'a montré EFFRONT, des propriétés absorbantes remarquables pour l'eau, les acides, les bases, les électrolytes. Elle renferme des éléments, des cendres (3 à 4 p. 100) qu'il est difficile de lui enlever, ces éléments participant partiellement aux propriétés de cette substance. Ce n'est que par des lavages à l'acide, répétés et soigneux ,que l'on parvient à déminéraliser dans une forte proportion la gélose. Si la gélose par elle-même n'est pas alimentaire, il ressort des recherches récentes que, grâce à ses propriétés d'absorption, elle doit jouer un rôle important comme véhicule, comme réserve des substances salines et autres qui lui sont adjointes lors de la confection des milieux de culture.

La gélose brute commerciale ne peut être employée telle quelle ; par les impuretés qu'elle renferme, elle exerce des actions nuisibles. Les grosses impuretés (fragments de bois, etc.) seront enlevées à la main, au besoin une filtration du produit dilué à 2 p. c. dans l'eau sur papier filtre épais (Chardin) à l'autoclave éliminera les impuretés grossières. Il existe de nombreux procédés de purification de la gélose en voici quelques-uns.

Formule de préparation de la gélose utilisée à Delft dans le laboratoire de DEIJERINCK, d'après des renseignements fournis par mon collègue M. BRAAK. — La gélose que l'on aura soin de peser préalablement est traitée à l'eau distillée. Après 24 heures de contact on décante l'eau et la remplace par de l'eau distillée fraîche. On répète 3 ou 4 fois cette opération. On obtient ainsi une gélose limpide. On utilise pour confectionner les milieux une dose de 2 à 3 grammes pour 100 cc. Dans la confection des milieux de culture on devra tenir compte de la quantité d'eau (déterminée par pesée) absorbée au cours des lavages à l'eau distillée. On additionne les sels nutritifs (formule de DEIJERINCK) pour une quantité totale de 100 cc d'eau. On stérilise à 120° C à l'autoclave. 100 cc de ce milieu permettent de préparer 13 à 14 tubes à essai pour confection de gélose inclinée.

En principe, les lavages à l'eau distillée servent à appauvrir la gélose en sels et à éliminer les substances et microbes qui pourraient avoir une action toxique ou nuisible. Les recherches d'EFFRONT montrent que ce n'est que jusqu'à un certain point que ces lavages modifient la gélose. En tous cas par ce procédé, on arrive à obtenir un très beau milieu de culture.

D'autres auteurs pour purifier la gélose emploient des procédés plus énergique notamment les lavages aux acides. GRINTZESCO (1902) utilise la gélose à 1,5 p. 100. Avant de l'utiliser, il la purifie par macération dans une solution à 1/200 d'H Cl et par des lavages répétés à l'eau distillée jusqu'à disparition complète de l'acide dans les eaux de lavage. Les milieux minéraux utilisés sont à base de liquide de Delme.r

DIALÓSUKNIA (1911) fait tremper la gélose pendant 48 heures

dans H Cl à 5 p. 100, lave à l'eau distillée, jusqu'à disparition des
chlorures, vérifiée par le nitrate d'argent, puis traite pendant 24
heures par l'ammoniaque, lave à l'eau jusqu'à disparition de réaction
ammoniacale vérifiée au réactif de Nessler. HOFFMANN-GROBÉTY (1912)
emploie une technique analogue.

GROSSMANN (1912) lave la gélose pendant quelques jours à
l'acide chlorhydrique à 2 p. 100 puis dialyse dans l'eau de canalisation. Il ajoute le liquide de Knop à 0,175 p. 100. KLEBS (1896)
utilisait la gélose telle quelle à la dose de 0.5 p. 100 dans le liquide
de Knop de 0.2 à 0.4 et même 1 p. 100 .

MEINHOLD (1911). On découpe 18 grammes de gélose en fragments
de 2 à 3 centimètres de long. On les place dans un cristallisoir muni
d'une étamine à travers laquelle on fait passer un tube d'amenée
d'eau. On lave pendant 1 à 2 jours à l'eau courante, on décante l'eau
et après avoir enlevé l'étamine on ajoute de l'eau distillée que l'on
renouvelle 4 fois en deux jours. On dissout la gélose dans 700 cc
d'eau fraîche, filtre à l'autoclave le liquide limpide et complète à
1000 (en ajoutant les sels nutritifs voulus). On répartit et stérilise.
Cette méthode a été conseillée par GEITLER (1925) et utilisée par
SCHRAMM (1914) et PRINGSHEIM (1912 et 1926). Ce dernier auteur
utilise une concentration de 2 p. 100 mais va jusqu'à 3/4 p. 100.
Pour les milieux à ensemencer par frottis en plaques il emploie la
gélose à 2.5 p. 100. Cette dose paraît pourtant bien un peu élevée,
déjà à 1.5 et à 2 p. 100, la gélose forme des gels très solides et parfaitement résistants.

VON WETTSTEIN (1921) recommande aussi la gélose lavée à l'eau,
il signale comme particulièrement favorable la gélose à 1 p. 100
à la tourbe dont nous avons déjà donné la formule. Ce milieu a été
utilisé par BELAR (1923), STERN CURT (1924). KILLIAN (1924) a utilisé
l'agar à la tourbe et l'eau tourbeuse filtrée à la bougie pour la culture de Péridiniens.

Nous avons employé (1913) de la gélose lavée à l'acide nitrique.
On la plonge dans $NO^3 H$ à 5 p. 100 ; après 24 heures, on décante
le liquide acide et le remplace par de l'eau ordinaire en renouvelant
souvent cette eau pendant deux jours au moins. On pèse la gélose
avant et après traitement pour calculer la quantité d'eau absorbée,
on en tient compte pour la constitution des milieux additionnés soit
de liquide calcique, soit de liquide acide dont nous avons donné la
formule. La gélose est utilisée à la dose de 2 p. 100. Pour la culture

des Algues marines, nous avons ajouté (1919 a) de l'eau de mer
filtrée à la gélose préparée comme ci-dessus, il y a avantage à
ajouter à l'eau de mer un peu de nitrate ammoniacal. Lorsque l'on
fait des cultudes en plaque de Petri, il faut que la couche de gélose
soit assez épaisse (1 centimètre environ) pour éviter une dessication
trop rapide, vu la lenteur de développement des Algues.

WARD (1899) a préparé la gélose lavée à l'acide acétique. En
somme, tous les procédés de purification de la gélose dont nous
venons de parler sont utilisés dans le même but : enlever au produit
commercial les produits solubles, étrangers, les germes, de manière
à obtenir une gélose peu favorable aux bactéries. Ces procédés agissent, d'après les auteurs (surtout pour les lavages à l'eau distillée),
pour appauvrir la gélose. Certains, tels que VON WESTTSTEIN (1921)
et JACOBSEN (1910) conseillent l'emploi de gélose qui a été putréfiée
par développement microbien et ensuite stérilisée. SCHREIBER (1925)
utilise pour les Volvocacées supérieures de la gélose gâtée. Les récentes études d'EFFRONT (1926) sur l'agar-agar montrent que ces
modifications ne sont peut-être pas aussi profondes pour la démi-
néralisation du produit qu'on le pensait. Au cours des lavages par
les acides, il y a fixation d'acides sous forme de combinaisons avec
la gélose. La nature de l'acide à employer n'est donc pas indifférente
pour la constitution des milieux, il y a là un procédé pour mettre
à la disposition des Algues des radicaux d'acides variés : nitrique,
chlorhydrique sous une forme non directement soluble. Il n'est pas
douteux que le chimisme des phénomènes qui se passent dans la
gélose et la gélatine n'est pas aussi simple qu'on se l'est imaginé
jusqu'ici, ces substances intervenant indirectement, par leurs propriétés absorbantes à la fixation, au déplacement d'ions dans le
milieu.

Que la gélose exerce des actions spéciales, cela n'est pas douteux. D'après BACHRACH (1927) l'addition de traces de gélose (1 à 10
gouttes de gélose à 1 p. 100 dans 10 centimètres cubes de liquide
nutritif de Knop) favorise fortement la rapidité de développement
des Diatomées. Il y a là peut-être un rôle analogue à celui que jouent
les matières organiques imputrescibles, à doses infinitésimales con-
seillées par MIQUEL (1890).

On sait que la gélose à 1.5 ou 2 p. 100 forme des milieux consistants, il y aurait peut-être avantage à utiliser de la gélose plus
molle par exemple à 0.5 p. 100 pour la culture d'organismes moins

robustes que ceux que l'on obtient généralement en culture. Mais la grande difficulté dans l'emploi de tels milieux est l'ensemencement, le milieu trop mou est facilement abimé par simple frottis superficiel et aussi dans ces masses mucélifiées les bactéries se propagent beaucoup plus vite. On ne peut conseiller d'expériences en ce sens qu'à ceux qui sont absolument sûrs de leur technique.

Les milieux consistants à la silice gélatineuse ont souvent été essayés pour la culture des Algues mais vu la difficulté de leur préparation et de leur stérilisation, ils présentent pour un travail courant de grandes difficultés. On prépare d'abord la silice gélatineuse par précipitation de silicates solubles par l'acide chlorhydrique, puis par des lavages et dialyses on élimine l'excès d'acide. Les plaques ainsi fabriquées sont imprégnées des liquides nutritifs appropriés.

Si l'on veut se contenter de cultures approximatives, on peut procéder de cette façon mais on ne parviendra jamais à obtenir par cette voie des cultures pures. La grande difficulté réside dans la stérilisation parfaite de ces milieux. Ceux qui voudraient des indications relatives à leur confection, pourront consulter entre autres les travaux suivants : KLEBS (1896) p. 186, MIQUEL (1890) p. 122, PRINGSHEIM (1912, 1913 b, 1918, 1926 page 301), SCHRAMM (1914) p. 39, MAERTENS (1914), UHLIR (1914), NAKANO (1917), BRIEGER (1924), HARDER (1917), SOULEYRE (1925), GEMEINHARDT (1926), WASKMANN et GAREY (1926), WINOGRADSKY (1926 a, b, 1927).

SOULEYRE (1925) a donné la technique de préparation de silicogel stérile pour culture de microbes fixateurs d'azote. Voici la préparation qu'il propose :

On prépare un mélange de :

> 40 cc d'acide tartrique à 20 p. 100;
> 1 cc d'acide phosphorique à 60°;
> 1 cc d'acide sulfurique à 50 p. 100.

Dans ce mélange on verse 100 cc de silicate de K (Dens. = 1.057 soit une solution à 20 p. 100 en volume du silicate liquide concentré). Après 5 minutes de contact, en agitant pour activer la précipitation de bitartrate de potasse, on filtre, puis stérilise la filtrat A.

On prépare également une solution alcaline de silicate renfermant :

Silicate de K (Dens. 1.085)........   2 parties
KOH à 5 p. 100..................   1 partie

On stérilise cette solution B.

Pour faire le milieu, on mélange en quantités convenables et dans l'ordre suivant :

la solution de silice A ;
le liquide nutritif stérile à utiliser ;
la solution alcaline B.

On répartit immédiatement en vases stériles. Après la prise de silicogel, on ensemence.

MIQUEL (1890) employa la silice gélatineuse en dépôts floconneux pour la culture des Diatomées. Dans ces masses légères les Diatomées pénètrent et prospèrent parfaitement dans les milieux liquides. Au lieu de flocons de silice gélatineuse, MIQUEL utilisa aussi des nuages d'hydrate d'alumine et de silicate de magnésie. On prépare l'hydrate d'alumine, en précipitant le chlorure d'Al par de l'ammoniaque pure, on lave le précipité à l'eau distillée jusqu'à disparition de toute réaction alcaline (emploi du réactif de Nessler). Le silicate de magnésie est fourni par précipitation d'une solution étendue (1 : 10) de silicate de soude par une solution de SO^4 Mg à 20 p. 100.

Voici la préparation de la silice hydratée, d'après MIQUEL. On verse dans une solution de silicate de Na commercial à 40°, diluée à 1 : 10, une solution d'H Cl pur à 22° au 1 : 20. Pour obtenir la gelée de silice on verse, dans un dialyseur placé sur l'eau distillée aiguisée d'acide chlorydrique à 1 p. 1000, 60 cc de solution de silicate à 1 : 10 et 30 cc d'H Cl à 1 : 20. Tous les deux jours on remplace l'eau distillée acidulée et quand on apprécie que la majeure partie de NaCl a disparu on remplace l'eau acidulée par de l'eau distillée pure ou légèrement ammoniacale. Bientôt le liquide du dialyseur se prend en une gelée opaline qu'on enlève et conserve pour l'usage dans un vase plein d'eau distillée .

Si l'on désire obtenir une solution de silice pure, on ajoute au mélange 60 cc de silicate à 1 : 10 + 60 cc HCl à 1 : 20, 200 cc d'eau distillée et l'on dialyse dans l'eau distillée jusqu'à disparition complète de Na Cl et de toute acidité. On obtient ainsi une solution d'hydrate de silice pure qui passe admirablement à travers les filtres et se conserve indéfiniment.

En plus des milieux consistants dont nous venons de parler,

on a utilisé des supports solides pour la culture des Algues : porcelaine dégourdie, blocs de plâtre, blocs de tourbe, papier filtre, etc...

CHODAT et GOLDFLUSS (1897), CHODAT et GRINTZESCO (1900 a et b) utilisent des plaques de porcelaine poreuse non vernies, de terre de pipe stérilisées par la vapeur sèche, déposées en boîte de Petri stérile contenant le liquide nutritif stérile. Les plaques doivent être placées de manière que leur base seule plonge dans l'eau. Ces plaques ont un fort pouvoir absorbant pour l'eau, sont insolubles et ne sont pas déshydratantes. On ensemence à leur surface des gouttes isolées de dilutions appropriées d'Algues. Ce milieu tout en étant humide est fortement aéré. GRINTZESCO (1902), p. 280, indique que suivant le degré de cuisson les plaques sont de perméablilité différente, elles mesurent $5 \times 5 \times 1$ centimètres et permettent un triage facile. Au lieu de plaques de ces dimensions CHODAT et GRINTZESCO conseillent des plaques poreuses rectangulaires découpées dans des assiettes poreuses et que l'on introduit dans des tubes à pommes de terre dont le réservoir inférieur est garni de liquide nutritif. Le même dispositif peut être employé pour la culture d'Algues sur des écorces. L'appareil imaginé par RADAIS (1900 b) est très compliqué et d'emploi difficile.

Les blocs de plâtre, analogues à ceux que l'on utilise pour l'étude de la sporulation des levures d'après la méthode de Hausen ont été rarement utilisés. Ils furent signalés par CHODAT et GOLDFLUSS (1897), WARD (1899), GRINTZESCO (1902), BRUNNTHALER (1909), GEITLER (1921), PRINGSHEIM (1913 et 1926, page 302). La confection des supports ne présente pas grande difficulté : on les moule à la forme désirée, on les lave à fond pour écarter les matières solubles. La seule précaution à prendre est celle du chauffage qui ne doit pas être poussé trop fort afin d'éviter l'émiettement des blocs de gypse.

Divers auteurs : GEITLER (1921), PRINGSHEIM (1926, p. 302), CZURDA (1927), HARDER (1927) ont utilisé comme support pour la culture d'Algues du papier à filtrer. On le choisira épais et le découpe en languettes dont la base plonge dans le liquide nutritif. La préparation et la stérilisation de ces dispositifs ne présente pas de difficulté.

La craie et les roches, n'ont pas été employées comme support à notre connaissance. SCHREIBER (1925) seul a utilisé la craie en poudre pour une méthode d'isolement curieuse de certaines Volvocacées supérieures.

Les plaques de tourbe ont été utilisées par GRINTZESCO (1902). il n'y a pas de prescriptions spéciales à leur sujet. Ce milieu serait à essayer à nouveau. Signalons que WINOGRADSKY (1920) a utilisé des plaques de terre additionnée d'amidon, etc., mais il n'opère pas, ce qui est inutile pour les expériences qu'il fit, de façon stérile. De tels milieux pourraient être utilisés occasionnellement pour les observaitons morphologiques mais ne conviennent pas aux cultures pures. On pourrait les essayer comme milieu d'enrichissement.

TECHNIQUE DE L'ISOLEMENT DES ALGUES

Nous venons de voir la composition des milieux de culture, les traitements à leur faire subir et l'utilisation de la verrerie, nous avons ainsi le matériel qui nous permettra d'aborder la culture proprement dite des Algues.

Un point sur lequel nous n'avons trouvé que de vagues indications est celui du prélèvement dans la nature dans le but d'isoler les Algues. Pourtant, cette opération est primordiale et d'elle dépend souvent le succès des expériences. On prélèvera le matériel dans des récipients (flacons, tubes à essai bouchés à l'ouate) stériles et le disposera de telle façon à éviter la putrification du matériel. Les prélèvements seront faits, si possible, avec des spatules flambées. Quand les circonstances s'y prêtent, on s'arrangera pour faire immédiatement les triages et ensemencements. Une pratique, signalée par GEITLER (1925), à conseiller dans beaucoup de cas, consiste, lorsque l'on est en excursion, à se munir de tubes de gélose inclinée que l'on ensemence sur place (on emportera avec son quelques pipettes étirées ou des minces baguettes de verre stériles pour pratiquer les inoculations). De cette façon on conserve facilement les Algues, et si elles ne se développent pas, elles restent en meilleur état qui si on les conserve dans l'eau. Cette façon d'opérer peut être avantageuse lorsqu'on est pour plusieurs jours en route.

MIQUEL (1890) a donné quelques indications relatives aux prélèvements pour cultures de Diatomées. On prend des huitres fraîches, encore humides, conservées dans l'eau de mer naturelle ou factice. On décharne les huitres, que l'on place dans des pots de grès ou d'argile de manière que l'éclairage vienne du zénith. On cultive dans l'eau de mer minéralisée. Pour expédier les Diatomées

d'après Miquel, on les séparera préalablement des substances va-
seuses, on les lave 5 à 6 fois avec de l'eau de mer claire et les en-
ferme dans des vases clos avec un grand excès d'eau de mer, on
peut les conserver ainsi quelques semaines. Il est clair que l'on
opérera de façon analogue pour les Diatomées d'eau douce.

En somme, on s'arrangera de telle manière que le matériel
prélevé arrive le plus rapidement et dans le meilleur état au triage.
Pour les eaux, on les prélève dans des tubes à essai stériles en ne
les remplissant qu'à moitié. Les échantillons de terre, de roches,
d'écorce d'arbres seront enveloppés dans une feuille de papier
stérile et emballés dans de petites boites (boites d'allumettes, etc.).
Les enduits et branchettes couvertes d'algues incrustantes seront
placées dans des tubes à essai stériles.

Dès l'arrivée au laboratoire, on disposera le matériel dans des
vases appropriés : boites de Petri stériles, tubes et récipients re-
cevront les objets qui avaient été emballés dans le papier. Pour les
Diatomées, on pourra opérer un premier triage suivant les principes indiqués par Tempère (1893) et par Meister (1912) pour la
séparation des Diatomées. Pour cela on vide le récipient de récolte
dans un vase ou éprouvette cylindrique (on opérera stérilement en
manipulation) rempli d'eau. Les pierrailles, le sable, les particules
grossières se déposent. Les Diatomées descendent moins vite.
On calcule qu'il faut environ 1/2 à 3 minutes pour cela. On décantera,
avant la chute complète des Diatomées, le liquide louche dans une
nouvelle éprouvette stérile. On peut arriver ainsi par des fraction-
nements à séparer les espèces et obtenir un premier triage en eau
stérile. Les Diatomées se déposant assez rapidemnt, on enlève le
liquide surnageant, le restant servira aux essais de culture.

Pour obtenir une certaine purification des Diatomées, il suffit,
d'après Tempère, de recouvrir la boue des vases avec une étamine.
Les Diatomées passent à travers les ouvertures de l'étamine et
s'isolent. On enlève l'étamine et la lave dans l'eau pour avoir une
accumulation de Diatomées bien vivaces.

TRIAGE

Le matériel étant arrivé à bon port, frais et en bon état, on devra mettre les cultures en train. Il faut d'abord être persuadé que pour isoler une Algue, il vaut mieux réussir du premier coup que de tenter des séparations à partir de cultures brutes, plus ou moins contaminées. Naturellement, il n'est pas toujours possible de remplir ce programme et, dans bien des cas, on devra passer d'abord par les stades de culture brute ou unialgale. Si l'on a rapporté un certain nombre d'échantillons, il faudra bien se résoudre à ce pis-aller. Voici comme on pourra opérer pour réaliser des cultures brutes d'accumulation. On prélève un peu du matériel naturel (suivre toujours la technique d'ensemencement et de repiquages comme en bactériologie) que l'on dilue dans un peu d'eau physiologique ou d'eau naturelle stérile. De cette dilution, on versera une ou quelques gouttes dans une série de milieux liquides de compositions variées (eau naturelle, liquide de Detmer, de Knop, liquide calciqe ou liquide acide, milieux de Miquel, de Beijerinck, etc.). Les diverses solutions ainsi offertes aux Algues présentent des conditions assez différentes ; au besoin on pourra essayer d'autres formules (voir notamment MIQUEL 1890, p. 127-128) ou s'inspirer des conditions naturelles de vie des Algues récoltées.

Les ensemencements des cultures brutes étant ainsi effectuées, il n'y a qu'à abandonner les tubes et à observer la variété des organismes qui se développera.

Actuellement, on doit opérer un peu au hasard, car nous ne connaissons que très mal les conditions de développement de certains organismes. Il n'est pas douteux qu'avec le progrès des recherches, l'on ne puisse mettre en œuvre certaines méthodes qui favoriseront tel ou tel organisme. Nous en verrons d'ailleurs plus loin quelques-unes. On sait qu'en bactériologie, l'isolement des germes pathogènes se fait avec grande facilité et rapidement, grâce à l'emploi de milieux de culture spéciaux et adéquats au but poursuivi. C'est ainsi que le bacille diphtérique s'isole en quelques heures sur sérum coagulé, le choléra par l'eau peptonée, la séparation des microbes de l'intestin : colibacille, bacilles typhique, dysentérique, etc., est rapide sur les milieux de Drigalsky, d'Eudo, etc., le Bacille tuberculeux s'isole bien sur le milieu de Petroff et d'autres analogues à base d'œufs additionnés de colorants.

De telles méthodes énergiquement sélectives n'existent pas pour les Algues. Leur découverte permettra certainement de grands progrès pour l'étude des milieux naturels et leur analyse biologique. Ces méthodes devront être combinées de façon à entraver le développement des bactéries et des moisissures. Ce sont là des desiderata qu'il n'est pas facile de réaliser. Somme toute, le problème consiste à trouver les milieux convenables aux diverses Algues.

Mais en dehors de ces conditions, il y a une série d'opérations qui sont l'apanage de l'homme de laboratoire, En principe les triages algologiques sont les mêmes que ceux qui servent à l'étude des bactéries et des levures. On doit arriver à obtenir aux dépens d'une seule cellule isolée, une multiplication coloniaire. La formation de colonie de culture permet le repiquage séparé.

La méthode de triage la plus ancienne pour les Algues a été exposée par MIQUEL (1890). C'est le procédé du fractionnement après dilution préalable des cultures. Il consiste à mettre les Algues ou Diatomées en suspension dans un volume d'eau tel que 5 cc de cette solution ne renferment en moyenne qu'une seule cellule. Ce qui correspond, quand on ensemence 1 cc de solution dans 5 macérations a rendre 4 cultures stériles et une seule féconde. Cette pratique nécessite un *essai préalable :* la numération des organismes existant dans les liquides. On utilise pour cela un hématimètre ou tout autre dispositif permettant de numérer les organismes se trouvent dans un volume donné du liquide. Supposons que l'on prenne comme volume celui d'une goutte d'eau. On dénombre le nombre d'Algues qu'elle renferme. Supposons avec MIQUEL un mélange renfermant pour une goutte d'eau 400 Diatomées diverses et 100 individus d'une espèce que l'on désire isoler, soit en tout 500 Algues. Dès lors on est certain, à peu près, qu'une goutte du liquide introduit dans un litre d'eau 500 Algues, soit 1 par 2 centimètres cubes.

Vient ensuite *l'essai proprement dit :* Avec ces données, on fait tomber une goutte du liquide à isoler dans 1000 cc d'eau et en distribuant un demi centimètre cube de cette eau bien agitée dans 20 tubes pourvus de liquide nutritif stérile, 5 de ces tubes devront être fécondés par une Algue, les 15 autres resteront stériles. Dans ces cinq fécondations, on a l'espoir de rencontrer une culture pure de la Diatomée que l'on s'est proposé d'isoler.

MIQUEL ajoute : L'écueil habituel de cette méthode est de craindre de pousser la dilution à une puissance suffisamment élevée. D'autre part si la dilution est trop grande, les résultats peuvent être négatifs. De là la nécessité de pratiquer l'essai préalable.

Les cultures s'étant développées, on procède à un second et troisième triage, en opérant par exemple avec 6 tubes au lieu de 20.

A cette méthode de triage par fractionnement, MIQUEL en ajoute une autre. On met en suspension un faible nombre de Diatomées dans un vase contenant de l'eau et une couche de silice sous-jacente. Les Diatomées gagnent le fond du vase, se posent sur la silice gélatineuse qu'on prélève avec un tube de verre flambé et étiré faisant l'office d'emporte-pièce et dont on vide le contenu dans une macération nutritive. MIQUEL essaya aussi des cultures de Diatomées sur plaques de silice gélatineuse, mais il n'obtint pas par ce procédé de résultats remarquables, la technique n'ayant pas, au moment où il opéra, fait de progrès suffisants. Il entrevit même l'utilité des milieux consistants.

En réalité la méthode du fractionnement exposé par MIQUEL permet d'obtenir des cultures unialgales. Il ne se fait aucune illusion sur la pureté bactériologique de ces triages car il donne un peu plus loin dans son travail un procédé pour éliminer les bactéries et obtenir des cultures pures de Diatomées. Mais la technique qu'il donne est vraiment très absorbante et malgré son intérêt n'est pas à conseiller.

L'intérêt du travail de MIQUEL est d'avoir fixé dès la première heure de l'Algologie expérimentale les principes opératoires que d'autres amélioreront et perfectionneront.

Le but du triage est donc d'arriver à isoler les Algues de façon à ensemencer une seul Algue dans les liquides nutritifs. On arrive à ce but par divers procédés. La grande difficulté réside dans le fait qu'habituellement dans les milieux naturels les Algues sont moins nombreuses, souvent beaucoup moins nombreuses que les moisissures ou surtout les bactéries. Dans ce cas, pour obtenir des cultures pures le procédé des dilutions peut ne pas répondre à son but. Il ne faut pas oublier que nombre d'Algues possèdent un revêtement plus ou moins gélifié dans lequel les bactéries se logent soit en parasites véritables, soit comme épiphytes Il n'est pas rare de trouver ainsi trois ou quatre organismes sur la même Algue microscopique. Ces organismes font masse avec l'Algue et malgré les procédés les plus énergiques ne peuvent en être séparés. C'est là une des raisons de la difficulté de réalisation des cultures pures.

Avant de donner quelques méthodes de triage à conseiller, examinons la question à un point de vue général. On devra mettre en œuvre toutes les ressources de technique dont nous disposons, toutefois sans abandonner les méthodes de travail bactériologique, c'est-à-dire, en opérant avec aseptie, avec du matériel stérile et flambé.

La pêche des Algues à la pipette étirée est un procédé d'isolement grossier mais que l'on ne doit pas rejeter à priori. Il est utilisable pour une première séparation d'Algues assez volumineuses pour être examinées à la loupe tels sont certaines Desmidiées : *Closterium, Micrasterium, Euastrum* des colonies de *Volvox*, de *Nostoc*, de grandes *Pinularia*, etc...

Les Algues filamenteuses ou en thalles pourront être lavées dans l'eau stérile, mais il ne faut pas se faire d'illusions sur la purification résultant de ces traitements. CZURDA (1924, 1926 a, 1927) employa ce procédé pour éliminer les bactéries par lavage et obtenir des Conjuguées en culture pure. Après avoir annoncé ces cultures pures, il convint lui-même que c'était ce que nous appelons des cultures unialgales, résultat déjà très intéressant en lui-même. Il prétend depuis avoir obtenu des cultures absolument pures. Ce serait évidemment à contrôler sérieusement. Les cultures sont maintenues vivantes sur des bandelettes de papier filtre plongeant dans le liquide nutritif. C'est grâce à cette technique que CZURDA (1926 b) fit quelques expériences d'assimilation de glucides. A ce propos, il avait écrit (1926 a) : L'influence de la présence de bactéries sur les résultats des premières expériences ne pouvait être grand (*sic*), même en supposant qu'une purification n'ait été réussie que plus récemment, car il ne s'agissait avant tout que de recherches qualitatives. De telles raisons défendent mal la pureté expérimentale des cultures de Conjuguées. De nombreuses Algues peuvent se dessécher ainsi que c'est le cas d'Algues terrestres : *Porphyridium, Zygogonium, Hormidium, P. asiola, Pleurococcus,* (voir les travaux de FRITSCH, 1922 a, b, qui explique la résistance de ces Algues à la dessication par leur cytologie), beaucoup de Cyanophycées. On peut utiliser ces propriétés de résistance à la dessication comme nous l'avons fait pour l'isolement en culture pure de *Porphyridium crulatum* (1912, 1920 a). JACOBSEN (1910), SCHREIBER (1925), etc..., utilisèrent divers modes de dessication avant l'ensemencement de triage.

Pour beaucoup d'Algues vivant dans l'eau, on utilisera les procédés de dilution perfectionnés par CHODAT et que l'on trouvera plus loin. Ces procédés sont excellents et, dans de bonnes mains, permettent d'arriver au but. Mais, comme nous le disons autre part, si la technique préconisé par CHODAT permet d'isoler de nombreuses Algues, elle n'est pourtant pas universelle. Elle est parfaite pour beaucoup de Chlorophycées. On doit lui adjoindre des perfectionnements.

Si les Algues sont souvent gélifiées, et nous savons que ces gelées hébergent des microbes nombreux, on a remarqué qu'il y a des moments de leur vie où elles sont débarrassées de ces gaines gênantes pour les purificateurs d'Algues. Par exemple au moment de la sporulation, les zoospores au moment où elles sortent des sporanges sont absolument nues et stériles. Un trieur avisé choisira donc le moment de la sortie des zoospores pour pratiquer les isolements. Ce phénomène peut être provoqué à volonté pour beaucoup d'Algues. KLEBS (1896) a indiqué qu'il suffit de placer les sporanges dans de l'eau distillée, de faire varier les conditions d'éclairage, etc..., et pour obtenir à volonté une absorbante zoosporulation. On peut ainsi obtenir des organismes stériles au moment de la germination des spores. Il faut pour cela isoler les zygotes et suivre leur développement. Malheureusement les zygotes ne germent pas toujours à volonté comme c'est le cas pour les sporanges. Pour des espèces formées par une masse plus ou moins gélifiée tels que certaines *Nostoc*, on essayera de prélever les cellules de l'intérieur des thalles en les disséquant aseptiquement. La masse interne est en général moins souillée de microbes que l'externe et un broyage de cette masse centrale dans l'eau stérile (adjoindre pour cela un peu de sable ou mieux de grains de maïs ou de fécule stériles, qui auront l'avantage de jouer le rôle d'absorbant pour les microbes) permettra des isolements ayant chance de réussite.

Un autre procédé pour obtenir une séparation des Algues et des microbes est la centrifugation.

Il n'est pas nécessaire de faire marcher la centrifuge à grande vitesse, en effet, les Algues ont des masses considérables comparativement aux microbes, et sont immédiatement entraînées par la force centrifuge. On pourra donc utiliser des tubes à essai en opérant stérilement. L'ouate servant au bouchage des tubes stériles sera retenue en la traversant par une épingle qui forme arrêt empêchant l'enfoncement du tampon. La centrifugation, si elle est modérée, n'entraînera pas les microbes qui restent à la surface du liquide. On pourra absorber ces microbes soit en plongeant dans l'eau un tube de papier filtre, soit un petit crayon de charbon de bois. On reprend les Algues accumulées dans le fond des tubes avec une pipette étirée et l'on recommence les lavages. On ne devra pas oublier que les Algues étant souvent très fragiles, on centrifugera légèrement pour ne pas les écraser ou les léser. Pour ceux qui ne disposent pas de centrifuge, le procédé suivant peut être employé. Le tube est placé dans une gaîne creuse en bois ou zinc suspendu à une ficelle, par laquelle on donne une mouvement giratoire, tel le mouvement de lancement à la fronde.

Nous avons déjà indiqué que des décantations fractionnées permettent un certain triage des Diatomées. Ce procédé peut être utilisé pour d'autres Algues. Il existe, comme l'on sait, de nombreuses algues mobiles : les Volvocinées, les Eugléniens, les zoospores, etc... Généralement ces cellules itinérantes sont sensibles à la lumière soit qu'elles soient attirées ou repoussées. Il suffit d'abandonner un tube au repos pour voir les Algues s'accumuler dans les endroits qui représentent pour elles l'endroit le plus favorable. On prélève les Algues mobiles : les Volvocinées, les Eugléniens, les zoospores, etc... aérophiles, si on les mélange à du sable boueux. Ou verra au bout d'un certain temps, la chose est facile à vérifier pour les Euglènes, traverser la masse sableuse et venir s'accumuler à la surface. Pour quelques espèces très mobiles, et phototropiques, on remplit des tubes étroits d'eau, on prélève les Algues à une des extrémités du tube, que l'on place dans l'axe des rayons de lumière. Les Algues sont attirées par les rayons lumineux et peuvent en peu de temps arriver au bout des tubes. On suit à la loupe l'arrivée des Algues, on casse le tube et recommence la même opération. On peut ainsi obtenir un matériel suffisamment pur pour tenter des isolements.

On pourra ainsi mettre à contribution les propriétés absorbantes de beaucoup de matières. Pour les Algues qui supportent une certaine dessication, on utilisera par exemple de l'amidon servant à l'apprêt du linge. Ce produit est formé le plus souvent de grains de maïs ou de riz, il est pur et se laisse stériliser sans difficulté. On laisse tomber sur l'amidon préparé une goutte de liquide algifère, l'eau et les microbes sont immédiatement absorbés, on isolera les Algues que l'on peut facilement distinguer sur ce milieu. Par passages successifs, on arrive à en purifier.

Non seulement des substances absorbantes pourront être utilisées mais aussi des lamelles de verre. On sait que, si lors de l'ensemencement de germes déposés sur plaques de verre, on attend trop longtemps avant de les mélanger à la gélatine ou la gélose, on n'obtient pas un éparpillement égal des microbes dans le milieu. On constate que l'endroit où l'on a déposé la goutte est fort chargé de germes. Cela provient de ce que ces germes adhèrent fortement au verre au point qu'il devient presque impossible de les libérer. De même si l'on plonge dans un liquide renfermant des Algues, une lamelle de verre, on verra (un contrôle microscopique le démontre) qu'un grand nombre d'Algues sont ainsi retenues, de même que les microbes. Ces lamelles chargées d'Algues peuvent servir à des isolements en les plongeant dans des gelées (gélatine ou gélose). Par simple frotter de ces lamelles dont, pour la facilité des manipulations, on relèvera un bord à la flamme afin de faciliter la prise de la pince, on pourra faire des frottis d'étalement sur plaques de gélose, de gélatine, de silice gélatineuse.

Un procédé qui a servi à CHODAT et GOLDFLUS (1897) pour l'isolement pur de plusieurs Algues, et notamment de Cyanophycées est celui des triages sur plaque poreuse imbibée de liquide nutritif. Il faut plusieurs triages successifs pour arriver au résultat. On ne réussira généralement dans ce cas qu'à obtenir des cultures unialgales.

Il y a enfin parmi les nombreux procédés à mettre en œuvre (d'autres certainement verront encore le jour), celui des cultures en milieux sélectifs. Nous donnerons plus tard des renseignements plus détaillés sur cette technique qui est certainement fort à conseiller. Voici en quoi elle consiste. A la gélose, à base de liquide nutritif, on ajoute des corps organiques assimilables par les Algues mais peu nutritifs pour les microbes. Parmi ces corps citons : les formiates, l'oxalate de chaux, le citrate de calcium, le malate de calcium, etc... qui, à des concentrations de 0,5 à 1 p. 100, entravent le développement microbien tout en étant assez bons pour les Algues. En variant les milieux lors des repiquages, on parvient au bout de très peu de temps à obtenir des cultures pures. C'est un procédé excellent dont nous avons vérifié l'efficacité et la valeur.

Les méthodes sélectives de cultures favorisantes ont déjà été appliquées par divers auteurs. Ainsi BEIJERINCK a préconisé pour l'isolement des Cyanophycées l'emploi du phosphate bipotassique à 0.02 p. 100 dans l'eau. Nous savons déjà comment MIQUEL (1890) parvient à donner la prépondérance aux Diatomées dans les cultures.

Zunnstein (1899) avait préconisé l'acide citrique pour l'isolement et la culture des Euglènes. Jacobsen (1910) employa pour les Volvocacées soit des milieux à albumine ou fibrine putrifiée, soit des sels organiques décalcinés tels que butyrates, proprionate, lactate, malate et acétate. Pour les Chorophycées on préfèrera le nitrate d'ammoniaque. Il y a lieu de distinguer ces milieux sélectifs des milieux favorisant fortement le développement des Algues, tel que ceux préconisés par Chodat et ses élèves et qui consistent dans l'addition de 1 à 2 p. 100 de glucose aux gelées nutritives. Ce sucre permet un développement rapide des Algues que l'on repique après quelques jours.

Joog (1928) a décrit la technique à suivre pour l'isolement des Gonidées de Lichen. Après lavages soigneux et dessication en opérant avec du matériel stérile on fait une dissection du thalle, on enlève la couche gonidiale, on écrase entre lamelles stériles et prélève avec une micropipette et avec une technique inspirée de celle de Hansen pour les Levures, une seule cellule que l'on cultive en milieu stérilisé.

Genevois (1924) a décrit l'isolement des Zoochlorelles de Turbellariés, nous avons donné plus loin (p. 244) quelques indications sur la technique suivie.

Comme nous le disions plus haut, une des grandes difficultés de l'isolement des Algues est due à la présence de gelées enrobantes. S'il y avait possibilité de libérer les Algues de leurs gangue muqueuse, sans léser les cellules elles-mêmes, on diposerait d'un matériel qui se prêterait peut-être à des isolements. Quels sont les procédés chimiques ou biologiques pour arriver à dissoudre les gelées ? Des essais que nous avons fait dans ce but n'ont pas réussi jusqu'ci. Nous posons le problème qui serait intéressant à résoudre.

Repiquage des colonies. — Cette opération se fait généralement au moyen des aiguilles ou spatules de platine d'usage courant en bactériologie. L'anse de platine sert au prélèvement de masses liquides. Les pipettes étirées flambées sont d'un emploi très commode, elles permettent soit de tranvaser des liquides, soit de servir, en scellant la pointe, au prélèvement des cultures à la confection des stries.

L'emploi des aiguilles de platine, même très fines, à plus forte raison des baguettes étirées de verre ne donne pas toujours de bons résultats. En effet les colonies d'algues sont très petites au début, elles forment souvent des croûtes adhérentes aux milieux. Les enlever devient difficile, on doit parfois découper dans la gélose, dans la

gélatine des fragments de milieu pour être sûr d'enlever les colonies. Ces manipulations risquent d'amener des contaminations,
surtout s'il y a des colonies bactériennes au voisinage.

Pour les repiquages de colonies d'algues nous utilisons les pipettes étirées. On sait que ces pipettes sont capillaires. Après les

avoir flambées, on prend la pointe avec une pince flambée et place
la tige dans la flamme de la veilleuse du bec Bunsen. Une légère trac-
tion permet d'étirer le tube (fig. ci-dessus) à angle droit ou légèrement oblique. Avec la pince flambée, on cone le fil de verre. La pipette est donc terminée par une pointe effilée creuse. Pour repiquer
la colonie, on la pique exactement avec l'effilure cassée, de manière
que les Algues entrent dans le tube creux, on retire la pipette et
ensemence soit un milieu liquide en aspirant et refoulant le liquide, soit un milieu solide en soufflant les Algues sur la gélose ou
les étale ensuite à la surface. J'ai indiqué cette technique qui peut
rendre de grands services dans une courte note sur un bacille trouvé
dans les tomates (1920 d).

QUELQUES METHODES DE TRIAGE DES ALGUES

A tout seigneur, tout honneur ! Voici d'abord la méthode des
triages de Chodat (1909). On prend 10 tubes renfermant de l'eau
stérile :

I	II	III	IV	V	VI	VII	VIII	IX	X
10 cc	5 cc	5 cc	5 cc	5 cc	5 cc	5 cc	5 cc	5 cc	5 cc

Chacun de ces tubes renferme 5 centimètres cubes d'eau, le premier en renferme 10. Dans le tube I, on laisse tomber une goutte de
liquide algifère, provenant soit d'un liquide naturel, soit d'une culture provisoire. On agite pour séparer les agglomérations et on introduit avec une pipette stérile, 5 cc de I dans le tube II. On agite vigou-
reusement et l'on procède ainsi jusqu'au tube X.

On prépare un grand nombre de fioles d'Erlenmeyer (de 100 ou

150 cc par exemple) renfermant de la gélose fondue. Il y aura plusieurs (10) séries d'Erlenmeyer. Dans chaque flacon de la première série on introduit 1 goutte du tube I, dans chaque flacon de la deuxième série 1 goutte du tube II, etc., jusqu'au tube X. On aura soin d'opérer pour chaque série avec une pipette stérile. On mélange soigneusement la gélose pour répartir également les germes. On laisse le milieu faire prise.

Si au début, il y avait environ 200 germes dans la goutte algifère, on aura à la première série (tube I) 50 germes, dans la série du tube II : 25, dans la série III : 12, dans la série IV : 6, dans la série V : 3, dans la série VI : 1 ou 2, dans les séries VII à X 0 germe.

Dans tous les cas, le développement des bactéries et champignons étant plus rapide que celui des Algues, une partie importante de ces essais sera à rejeter. On conservera pourtant les cultures impures et les colonies bien développées (parfois même elles poussent mieux lorsqu'elles sont en association avec des microbes) à partir desquelles on fera de nouveaux triages suivant la méthode ci-dessus.

CHODAT préfère les Erlenmeyer aux boîtes de Pétri, car dans les fioles le milieu se dessèche moins, or la dessication arrête le développement des Algues. Les champignons sont les microorganismes les plus à craindre. On évitera de laisser les cultures dans des lieux trop humides ou mal aérés, on flambera par précaution les cotons ou on les mouillera avec une solution de sublimé.

On devra s'assurer de la pureté des colonies d'Algues par examen microscopique et par cultures en milieux favorables aux Bactéries.

CHODAT (1909) signale une autre méthode de triage. On dispose dans une large boîte de Pétri une plaque de porcelaine dégourdie préalablement stérilisée. Le tout est stérilisé au four. On stérilise également à l'autoclave un liquide nutritif (par exemple le Detmer ou Fiers) et on l'introduit dans la boîte de Pétri. Le liquide doit baigner la base de la plaque de porcelaine, par laquelle il est absorbé. Ensuite on verse ou on étale au moyen d'une pipette stérilisée une ou plusieurs gouttes des dilutions I à X ci-dessus. Des colonies d'algues apparaissent après un temps plus ou moins long. On triera ces colonies à nouveau sur plaque poreuse.

Cette technique permet d'obtenir rapidement les espèces qui sont sensibles au changement brusque de milieu ou qui demandent beaucoup d'aération. Les colonies vérifiées pour leur pureté à la loupe sont repiquées sur le même milieu ou en milieu sucré à 2 p. 100

(glucose) qui donne un développement intense. On retriera les colonies jusqu'à obtention de cultures pures.

Ces méthodes ont servi, avec quelques variantes, à CHODAT et GOLDFLUS (1897), à CHODAT et GRINTZESCO (1900), GRINTZESCO (1902).

L'isolement des gonidies de lichens a été décrit par CHODAT (1913, p. 193). Le lichen est soigneusement lavé à l'eau stérilisée, brassé à plusieurs reprises avec de l'eau stérile. On le broie dans un mortier de porcelaine, au préalable flambé à l'alcool après avoir été stérilisé au four. On peut aussi employer comme en Bactériologie des verres à pied coniques stériles. On obtient ainsi une émulsion dans laquelle sont suspendues les gonidies et des fragments de lichen. On se sert de cette émulsion pour faire des dilutions, après avoir examiné au microscope le nombre de germes que contient approximativement une goutte du liquide nutritif. Les ensemencements se font dans l'agar Detmer au tiers sans sucre, fondu et maintenu liquide à 30° C. Les flacons sont mis au soleil d'hiver et l'on attend que les Algues se développent.

Il faut 3 à 4 mois pour obtenir des colonies assez grosses pour être repiquées. Mais il faut bien insister sur une cause d'erreur fréquente: on obtient le plus souvent de toutes autres Algues que les gonidies que l'on désire obtenir. Ces Algues sont des épiphytes se développant sur les lichens. Ainsi doit-on convenir que l'isolement des gonidies est un travail long, fastidieux et difficile, car 9 fois sur 10 on obtient des organismes étrangers à la symbiose lichénique.

Cette méthode a été appliquée par KORNILOFF (1913), LETELLIER (1917), CRIOSKA, NAKANT (1917). Pour n'avoir pas suivi de telles indications LINKOLA (1920) ne réussit pas dans les isolements des gonidies de *Peltigera*. Les isolements des gonidies de lichens à Cyanophycées et de racine de *Gunnera*, etc..., n'ont pas réussi jusqu'ici.

Une technique moins fréquente mais qui peut rendre des services pour obtenir des colonies d'Algues consiste à préparer des plaques de Petri garnies de gélose, de silice. Ces milieux étant solides, on verse à leur surface une dilution ou des liquides naturels algifères. On laisse reposer quelques instants, les Algues se déposent, adhèrent à la gélose. Avec précaution on décante le liquide en excès en retournant la plaque. Ce procédé est à employer pour des Algues qui ne supportent pas une immersion même très courte dans la gélose ou la gélatine en fusion. Elle permet aussi d'utiliser des milieux peu gélosés, par exemple à 0.5 ou 1 p. 100 que l'on ne peut ensemencer par frottis sans produire de grands dégâts.

Les ensemencements par frottis devront aussi être pratiqués. On opérera comme en bactériologie chimique en utilisant des baguettes de verre assez épaisses (5 millimètres de diamètre) courbées à angle droit et flambées. Les frottis se feront avec des suspensions d'Algues dans de l'eau physiologique ou des liquides stériles, les frottis à sec risquant de léser fortement les cellules. Nous avons vu qu'on peut faire des frottis avec des lamelles de verre trempées un instant dans un liquide renfermant des Algues. Les frottis avec des anses de platine sont moins à conseiller, à moins d'être très habile à les manier. Pour l'ensemencement en série de tubes à essai on peut très bien faire usage de pipettes étirées. Il faut pour cela qu'il y ait assez d'eau de condensation dans les tubes. On dispose une série de 7 à 8 tubes. On ensemence le premier avec une goutte de suspension renfermant des Algues. Avec la pipette étirée, flambée, on étale le liquide à la surface du milieu incliné ; on reprend avec la pipette quelques gouttes du liquide et sans flamber la pipette on ensemence le second tube, puis les suivants. On procède ainsi à des dilutions successives et si l'on a bien opéré, les derniers tubes sont stériles. Ce procédé est assez commode pour des triages, il ne nécessite pas un matériel encombrant et l'on peut facilement employer des milieux très variés pour les isolements et notamment les milieux très variés pour les isolements, les milieux à base d'oxalate, de citrate, malate, formiate de chaux, etc..., qui entravent le développement microbien et favorisent bien celui des Algues.

Genevois (1924) a donné dans sa thèse des indications très détaillées sur l'isolement des zoochlorelles de Turbellariés. Il opère par lavage préalable pendant une heure des animaux dans de l'eau distillée stérilisée, ensuite un lavage pendant 5 à 10 minutes dans l'eau oxygénée à 12 volumes étendue aux deux tiers d'eau distillée. Les Turbellariés ainsi traités sont pêchés avec une anse de platine flambée. L'animal isolé et nettoyé peut être traité de diverses manières. Voici la première, la plus correcte. Elle consiste à écraser le Turbellarié entre lame et lamelle flambées au préalable, l'émulsion ainsi obtenue est ensemencée sur gélose à liquide nutritif. La culture est développée après un mois. On peut travailler plus rapidement et avec moins d'assurance du succès en transportant directement l'animal, après lavage, dans l'eau de condensation de la gélose. Il y végète

5 à 6 jours puis meurt. Les tissus se dissocient et les Chorelles mises
en liberté donnent une culture qui se développe assez rapidement.
Si le Turbellarié encore vivant atteint la surface de la gélose, il périt
mais se désagrège mal, la culture peut échouer. D'ailleurs ces sortes
de cultures sont contaminées par des microbes. On préférera par
conséquent le premier procédé d'isolement décrit par GENEVOIS. Une
pareille technique pourrait inspirer des recherches d'isolement d'autres
Zoochlorelles, notamment d'espèces marines à plastides jaunes,
Chrysomonadines, Péridiniens parasites.

Lorsque l'on fait des triages, on s'efforcera, lorsqu'on ne connaît
pas les conditions exactes de développement des Algues, de varier
les conditions des expériences : maintien des cultures à basse température ou à température assez élevée, variations d'éclairage : éclairage solaire intense ou atténué, éclairage artificiel continu, etc...

Bien que certains auteurs, par exemple BRISTOL (1920), G. M.
SMITH (1916), PRINGSHEIM (1926, p. 298), PASCHER (1927), estiment
que la composition chimique des milieux de culture soit assez indifférente pour la réussite des cultures, on ne suivra pourtant pas leurs
suggestions qui ne sont peut-être vraies (et encore!) que pour les espèces robustes. Au contraire, on suivra les très sages conseils de MIQUEL
(1890) de varier sans cesse les milieux où l'on espère voir se développer les Algues. Il en est de même pour les conditions de culture.
C'est ainsi que contrairement aux conseils de nos prédécesseurs,
nous avons exposé des tubes ensemencés d'Algues au plein soleil
de juin, leur faisant subir un traitement héliothérapique qui leur
réussit parfaitement. Cela montre qu'il est intéressant de faire exactement le contraire de ce qu'enseignent les savants. C'est pratiquer
du libre examen expérimental.

Les méthodes de triage que nous venons d'exposer sont celles
qui ont permis d'obtenir des cultures pures. Il est tout une série de
techniques variées qui servirent à l'obtention de cultures unialgales
et de séparations d'organismes divers. On ne peut les passer sous
silence, car elles permettent d'un part d'éviter des erreurs de technique faites pas nos devanciers, d'autre part il n'est pas dit que perfectionnées judicieusement elles ne puissent pas servir à l'obtention
des Algues en culture pure.

Examinons successivement chacun des grands groupes d'Algues.

CHLOROPHYCEES. — L'emploi des méthodes bactériologiques
pures a été fait dès 1890 par BEIJERINCK au moyen de la gélatine. L'ap-

plication des techniques bactériologiques a été faite par Charpentier (1903 b) pour l'isolement de *Cystococcus*, par Matruchot et Molliard (1902) pour *Stichococcus*, par Jacobsen (1910), par Grossmann (1921) pour des *Scenedesmus*. Krüger (1894) pour *Prototheca*, etc... Mais en général ces procédés sont d'application très difficile et ne sont permis qu'à des hommes rompus à la bactériologie.

Le plus souvent l'application de ces méthodes ne permet que l'isolement de cultures unialgales. L'exposé de ces méthodes a souvent été répété par les auteurs, on les trouvera plus ou moins détaillées dans les ouvrages suivants : Dop et Gautier (1909), exposé très sommaire, Kuster (1913), Pringsheim (1926, p. 304 à 306) avec longues explications, O. Richter (1913), Schramm (1914). Un des meilleurs résumés de la question est celui de Von Wettstein (1921) qui, lui, n'a pas la prétention d'obtenir chaque fois des cultures pures. Après avoir obtenu des cultures d'enrichissement ou du matériel naturel algifère, on les dilue. Ces dilutions sont transportées à la surface de la gélose à la tourbe (spécialement conseillée par Von Wettstein figée en couche mince dans des plaques de Petri. Après 10 à 15 jours, se produit un développement de colonies d'Algues. Quand elles sont suffisamment grosses on les transporte au moyen d'un fil de platine dans un tube à essai pourvu de la même gélose. En exposant cette culture à la lumière du Nord, pas à l'éclairage direct, on obtient un développement assez abondant. A-t-on fait, lors du premier triage, un ensemencement parcimonieux, on peut obtenir des colonies ne renfermant qu'une seule espèce d'Algue avec des Bactéries associées. C'est ce que nous appelons des cultures unialgales suivant l'expérience de G. M. Smith (1914). Von Wettstein ajoute que des cultures pures sont très difficiles à obtenir mais que pour des systématiciens cela n'a pas grande importance. Nous savons que l'on peut différer d'avis sur cette question importante, qui forme tout le nœud de la question des cultures pures d'Algue. A notre point de vue les résultats ainsi obtenus sont incomplets et ne constituent qu'une étape de l'isolement des Algues.

En tous cas cette méthode est déjà beaucoup plus perfectionnée que celle qui consiste à mettre dans des liquides nutritifs des Algues grossièrement isolées, procédé qui est loin d'être inutilisé ainsi que l'indique la liste suivante de travaux : Klebs (1896), Benecke (1898), Famintzin (1871), Andreensen (1901), Foster (1914), Freund (1908), Gain (1908-1910) qui employa ce procédé pour rapporter de l'Antarctique des souches d'Algues des neiges, Hartmann (1918-1921), Knoke (1924),Kuwada (1916), Livingstone (1900 à 1905), Lutz (1898 à 1905), Migula (1888), Peebles (1909), A. Richter (1892), Goetsch et Scheuring (1926).

En dehors de ces techniques générales, plus ou moins primitives, on trouve quelques méthodes de triage qu'il est bon de se rappeler à l'occasion. Nous avons cité la technique de Genevois (1924) pour les Zoochlorelles.

Jacobsen (1910) a utilisé avec succès l'emploi de tubes capillaires pour l'isolement de quelques Volvocacées phototropiques. En abandonnant des mélanges d'Algues mobiles dans un verre de montre, on les voit s'accumuler à un endroit donné. On prépare une série de tubes capillaires que l'on remplit, sur 10 centimètres de longueur, d'eau distillée et on y fait pénétrer, sans laisser entrer de bulles d'air, le liquide où les Algues sont concentrées. Ce liquide remplit environ 2 cm. du tube capillaire. On fait avancer alors toute la colonne liquide de manière à laisser un espace de 5 cm. de long de chaque côté et l'on scelle à la lampe.

Les tubes capillaires sont alors placés perpendiculairement à la fenêtre (dans la direction de la lumière), la moitié d'entre eux avec la masse d'Algues vers la lumière, l'autre moitié en sens opposé. Après quelques temps, on contrôle au microscope le déplacement des Algues. Ainsi *Spondylomorum* est le plus rapide à atteindre le bout du tube (10 minutes), *Chlamydomonas* le suit de près. Si alors on coupe les tubes avant l'arrivée d'autres espèces et que l'on ensemence, on obtient assez facilement des cultures d'une seule espèce. Un mélange de *Spondylomorum* et de *Chlamydomonas* pourra être séparé ultérieurement par dessication. Il suffit de mettre ces cultures doubles sur un papier filtre et de porter à l'étuve à 28° C : *Spondylomorum* est tué en 24 heures.

Dans les tubes capillaires, *Chlorogonium euchlorum* se meut suivant le sens de la lumière. Ces exemples montrent comment par des procédés élégants, on peut arriver à séparer des espèces très semblables dans leur mode de vie. On s'efforcera de faire varier les conditions expérimentales. Pour *Polytoma* il suffira de repiquer à plusieurs reprises des cultures en milieu terre + fibrine à l'obscurité pour avoir un enrichissement en organismes permettant de procéder à des cultures ultérieures avec quelque chance de succès.

Mainx (1927) a cultivé *Eremosphaera* mais en culture impure.

Pour obtenir des cultures pures, on transporte des cellules-mères
gélifiées extérieurement sur la gélose et avec une lancette stérile de
platine, on découpe la membrane extérieure et met en liberté les
cellules-filles. Ces dernières cellules ne sont pas contaminées par des
bactéries et il suffit de les prélever et ensemencer pour obtenir la
culture pure. Le procédé est peut-être délicat, mais dans d'autres
domaines on a fait des microdissections de cellules qui ont donné des
résultats intéressants. Il faut une certaine habilité pour réussir de
pareilles opérations.

KUSTER (1913, p. 112) pour débarrasser des zygospores et oospores
à membranes épaisses, des microbes qui sont accolés à leur surface
signale l'emploi de désinfectants, par exemple la formaline convenablement diluée. Ce même auteur donne des dispositions d'appareils
pour la culture d'organismes en courants liquides. MIQUEL (1890) avait
ainsi signalés de tels dispositifs dont l'utilisation peut éventuellement rendre des services, mais qui sont d'emploi pourtant bien
dangereux pour la vitalité des Algues.

SCHRAMM (1914 a), après avoir indiqué l'intérêt qu'il y a d'utiliser pour les isolements les cellules automobiles, préconise pour
l'isolement des Algues qui ne forment pas de telles cellules, mais
qui produisent des autospores, de rompre les cellules-mères en les
prenant entre lame et lamelle. Les cellules-mères éclatent en libérant
les autospores. Ce procédé peut aussi servir pour des filaments spo-
rulés de *Protosiphon* dont on isole ainsi les spores. Pour *Botrydium
granulatum* on peut isoler par dilacération des spores mais SCHRAMM
n'a pu en obtenir la germination. SCHRAMM a isolé *Chlamydomonas*
en utilisant une méthode analogue à celle plus perfectionnée qui
servit à JACOBSEN, au moyen de pipettes capillaires. Un autre procédé
utilisé par SCHRAMM, à la suite de BARBER, consiste à opérer une
dilution dans une pipette capillaire, à repérer au microscope les
endroits où se trouvent des cellules isolées d'Algue, casser les pipettes
en cet endroit et a repiquer le liquide avec l'Algue. En répétant cette
opération, jusqu'au point où l'on est parvenu à réduire suffisamment
le nombre de Bactéries, on obtient des cultures.

Enfin WORD (1899) public quelques méthodes qui pourraient présenter de l'intérêt. On agite les Algues diluées dans une solution nutritive et additionne rapidement du plâtre stérilisé. On verse après
mélange, le tout dans des plaques. Quelques Algues parviennent
ainsi à se développer, mais d'autres sont sensibles à la toxicité du

plâtre. Au lieu de plâtre on pourrait employer de la craie, de la magnésie calcinée, des roches variées réduites en poudre. Si ces essais ne donnent pas grand chose, on pourrait au moins obtenir dans quelques cas des développements intéressants et à utiliser pour des isolements ultérieurs. On sait que la flore de certaines roches (magnésiennes, ferrugineuses, calcaires...) est assez spéciale et par cette technique on pourrait analyser leur flore et en poursuivre l'étude.

Un autre procédé à mettre en œuvre, est de traiter les liquides nutritifs ensemencés par de l'eau de chaux en forte quantité, dans laquelle on fait immédiatement barbotter un courant d'acide carbonique. Le CO^3 Ca précipité entraîne les Algues disséminées et l'on verse le tout dans une plaque ; des cultures peuvent ainsi apparaître, on les étudiera.

Pour les Volvocacées et Eugléniens nous ne citerons que quelques techniques particulières. Nous connaissons déjà celles de Jacobsen. Zumstein (1899) a préconisé l'acide citrique à 2 p. 100 pour l'isolement d'Euglènes.

Schreiber (1925) ne parvenant pas à se débarrasser des Bactéries associés aux grandes colonies mobiles de *Gonium* et d'*Eudorina* eut l'idée d'utiliser le dispositif suivant. On étale de la terre sèche de jardin dans un récipient en porcelaine ; on y enfonce perpendiculairement à la surface égalisée des cylindres de verre de 1 cm. de diamètre, de façon que 2 cm. des tubes dépassent la terre. Dans chaque cylindre, on met une couche de 1 cm. de craie, on stérilise le tout à sec. Après refroidissement, on verse sur la terre du liquide nutritif stérile de façon que ce liquide arrive par imbibation audessus de la couche de craie des petits tubes. Dans cet aquarium crayeux, on ensemence des cultures d'enrichissement d'*Eudorina, Pandorina* et de *Gonium*. On recouvre le tout d'une cloche non hermétique de manière à ce que l'eau s'évapore très lentement. Les Algues se trouvent ainsi petit à petit dans un milieu de plus en plus sec et forment des états de résistance, des masses glœocystiques ou palmelloïdes avec des cellules entourées de gelée. Ces masses mises dans l'eau, présentent un gonflement de la gélatine et les cellules qui étaient isolées, deviennent mobiles. Si l'on cultive ces états palmelloïdes en liquides nutritifs, leur maturation est plus lente, les cellules mobiles qui en sortent sont mobiles et stériles, de sorte qu'elles sont dans un état permettant leur isolement sur milieux gélosés (gélose gâtée).

Uspensky (1925) parvint à obtenir des cultures de *Volvox* en liquide nutritif stérile en réglant l'addition de fer. Par repiquages répétés pendant plusieurs mois, il parvint à purifier fortement les cultures en soignant spécialement leur alimentation inorganique. Le principe du procédé est en tous cas à retenir.

DIATOMEES. — Nous connaissons déjà les milieux spéciaux qui servirent à Miquel (1890) et Haughton Gill d'après Van Heurck (1893) pour la culture unialgale de Diatomées. Miquel, p. 155, a donné le maniement d'un appareil assez compliqué permettant par lavages à l'eau stérile de diluer les microbes accompagnant les Diatomées tout en n'entraînant pas les Diatomées. Ce dispositif curieux demande un travail presque journalier d'environ 6 mois pour obtenir une purification. Ce n'est vraiment pas très pratique.

En général, on utilise les milieux gélosés ou à la silice gélatineuse pour les isolements des Diatomées, mais ces isolements sont très pénibles, ainsi ne compte-t-on que quelques cultures pures alors qu'il est assez aisé de réussir des cultures unialgales. La mobilité des Diatomées sur les milieux solides, fait que s'il y a des colonies microbiennes, celles-ci sont touchées et contaminent les cellules. La culture des Diatomées marines (cultures unialgales) est assez facile d'après nos essais préliminaires (1919 a et b).

A noter les remarques suivantes: Miquel (1899) et Gemeinhardt (1926) notent que pour certaines espèces : *Cyclotella, Synedra,* la présence d'un peu de Na Cl peut être favorisant. Bachrach (1927) a noté l'action bienfaisante de traces de gélose sur la rapidité de développement de Diatomées.

DESMIDIEES. — Des tentatives nombreuses furent faites depuis les travaux d'Andreensen (1909), de Pringsheim (1912-1918) et Czurda (1924 à 1927) pour cultiver ces Algues remarquables. Récemment nous avons appris que Czurda avait obtenu des cultures pures, mais n'ayant pu nous procurer que quelques-uns de ses travaux, nous restons dans l'expectative. Czurda (1924, 1925, 1926 a, 1927) a cultivé des Desmidiées en milieux liquides en utilisant comme support du papier filtre. L'emploi des liquides nutritifs, spécialement de celui d'Oehlmann sans calcium, ne s'est pas montré très efficace. Czurda (1926) après avoir indiqué que ses premières cultures étaient infectées par des Bactéries, prétend avoir obtenu depuis des souches absolument pures.

CYANOPHYCEES. — Pour ces Algues énigmatiques, on a fait de nombreuses tentatives de culture depuis CHODAT et GOLDFLUSS (1897) jusqu'en ces derniers temps. On n'a pas encore réussi. Les essais ont été faits sur porcelaine dégourdie par CHODAT et GOLDFLUSS par LETELLIER (1917), par GEITLER (1921) et plus souvent sur milieux gélosés : BRUNTHALER (1909), MAERTENS (1914), GLADE (1914), SCHRAMM (1914), LETELLIER (1917), MAGNUS et SCHNIDER (1912), LINKOLA (1920), GEITLER (1921), PRAT (1925), ou sur silice gélatineuse : UHLIR (1914), avec emploi de lumière artificielle : HARDER (1917).

On ne sait pas jusqu'à présent, même de façon approximative les préférences alimentaires des Cyanophycées : pour les uns elles ne prospèrent pas avec les matières organiques, pour les autres elles préfèrent certaines substances tels que les phosphates.

A noter que ces Algues sont très souvent animées de mouvements assez rapides, elles rampent dans les milieux et même, si des fragments sont purs, ceux-ci ne tardent pas à se contaminer en sillonnant les endroits où des Bactéries ont poussé. On a essayé de mettre à profit la mobilité des Cyanophycées qui traversent facilement des masses de gélose ou de silice en les ensemençant en un point des cultures et les pêchant à un endroit éloigné. Toujours il y avait contamination.

FLAGELLES ET PROTISTES DIVERS. — On a obtenu, au moins en cultures impures, un certain nombre de flagellés incolores et d'amibes ou de Rhizopodes testacés. On ne cite que de rares exemples de cultures de *Trachelomonas* : voir CONRAD (1916), et de Péridiniens : *Gymnodinium*, obtenu par KUSTER, et *Gloeodinium montanum*, par KILLIAN (1914). Il ne s'agit pas là de cultures pures.

EXAMEN DES ALGUES DU SOL

L'étude de la flore algologique du sol est une des applications de la méthode de culture des Algues à l'analyse biologique des sols. Cette étude est assez récente. On procède habituellement comme suit : une certaine quantité de terre (jusque 10 à 20 grammes) est ensemencée en milieux nutritifs imprégnant du sable ou de la terre stérile, comme le firent ROBBINS (1912), MOORE et CARTER (1919). PETERSEN (1915) fit des triages de dilutions de terres dans l'eau par ensemen-

cement sur milieux gélosés. Plus récemment le même auteur (1928)
annonce avoir fait des cultures dans un but de description géographique pour des Algues récoltées en Islande. Nous sommes tout à
fait partisans de cette technique d'analyse des récoltes qui peut être
autrement fructueuse que la pure description des associations ren-
contrées dans quelques échantillons plus ou moins prélevés avec
bonheur. BRISTOL (1920) jette quelques grammes de sol dans des
flacons ou ballons garnis de liquide nutritif (hauteur du liquide de
1 à 2 cm. environ). Ces divers milieux ensemencés sont abandonnés
et l'on observe les Algues qui se développent. MOORE et KANER (1919)
firent des expériences qui montrèrent que les Algues peuvent traverser
en quelques mois des couches de terre de 1 mètre de profondeur. Ils
uiltisèrent pour cela des tubes de verre remplis de terre stérilisée
que l'on ensemençait avec des Algues à la surface et dont on sur-
veillait régulièremnt l'arrivée à la partie inférieure.

ESMARCH (1911, 1913) fit des expériences par un autre procédé ;
il recouvre la terre à étudier d'un papier filtre, le tout étant humecté,
il observe que les Cyanophycées du sol traversent le papier filtre et
forment à sa surface des colonies que l'on identifie.

Il serait intéressant de poursuivre de telles études. Les cultures
permettent de mettre en évidence des organismes intéressants que
l'étude directe du sol ne met que difficilement en évidence.

On fait en somme l'analyse biologique des organismes du sol.
Le principe de cette étude pourrait avantageusement être étendu à
l'analyse des espèces d'Algues peuplant les stations et faire des
études de sociologie algale autrement que par l'examen microscopique d'échantillons de plancton ou de matériel récolté directement
dans la nature. Non seulement on aurait ainsi des notions bien plus
complètes sur la composition des flores stationnelles mais on pourrait,
ce qui n'était pas possible jusqu'ici, conserver les Algues obtenues
en culture pour les comparer avec d'autres provenant d'autres localités, d'autres stations et éprouver expérimentalement leurs propriétés et caractères. Il suffit de rapporter des échantillons de terre,
de mousses, de Sphaignes, de roches, etc., pour avoir un matériel
d'étude facile à transporter et à mettre en œuvre au laboratoire. Nous
ne doutons pas que formuler cette proposition d'étude entraînera
sa réalisation à bref délai. Il est évident que l'emploi des liquides
nutritifs à essayer dans chaque cas devra être raisonné et adopté au
but poursuivi. Car nous ne sommes pas de l'avis de BRISTOL (1920),

G. M. Smith (1916), Pringsheim (1926) et Pascher (1927) qu'il est
assez indifférent de fournir tel ou tel milieu nutritif propice aux
Algues, Bien au contraire, il faudra trouver, pour beaucoup d'Algues,
des milieux sélectifs qui permettent leur développement à l'exclusion
des autres Algues. Ce n'est qu'à ce prix que l'on pourra faire œuvre
intéressante pour analyser les complexes analogiques sociologiques.
Ainsi pour ne prendre qu'un exemple caractéristique, l'étude des
organismes marins ou d'eaux saumâtres ne pourra être fait que si
l'on adjoint aux liquides nutritifs les doses nécessaires de chlorure
de sodium ou d'eau de mer.

APPRECIATION DES CULTURES ET RECOLTES D'ALGUES

Les colonies d'Algues obtenues en culture pure, présentent
des aspects coloniaires différents suivant la nature liquide ou solide
des milieux nutritifs isolés. En milieux liquides les bases d'appréciation ne sont pas toujours très nettes ; on observera notamment la
formation de dépôt, de voiles, d'anneau ; la coloration varie naturellement suivant les espèces et variétés. Généralement les liquides
nutritifs inorganiques restent limpides ; en présence de corps organiques, de sucres notamment, il peut se former des troubles tempo-
raires. Mais généralement un dépôt se forme toujours, vu la densité
des cellules.

Bien autrement caractéristiques sont les aspects des cultures
d'Algues sur milieux solides gélose, gélatine. On étudiera les formes
coloniaires soit par cultures en strie, soit par cultures en piqure,
dans des tubes à essai, soit par formation de colonies géantes. Il
suffit de parcourir les planches des mémoires de Chodat (1909, 1913)
pour se rendre compte de l'extrême variété et beauté des aspects
ainsi observés. Ajoutons que la liquéfaction de la gélatine fournit
des caractères distinctifs à retenir.

L'appréciation que l'on fait de ces aspects coloniaires est à
reconnaître, à caractériser les espèces. Le milieu type utilisé par
Chodat est la gélose au Delmer au tiers additionné de glucose à 2
p. 100, il y a parfois addition de peptone. Par ces cultures, il est
possible de déterminer pour autant que l'on possède des cultures
pures, les espèces et les variétés qu'il est impossible de distinguer
autrement.

On finira pour la détermination des Algues par se baser sur l'aspect des cultures pures ; tout comme en bactériologie, on trouve dans la forme des colonies des levures et microbes de précieux caractères différentiels. Il est évident qu'à l'avenir d'autres milieux seront utilisés et permettront de fixer mieux qu'on n'a pu le faire jusqu'ici l'importante notion de l'espèce et de la variété chez les Algues.

Pour des études physiologiques, l'aspect morphologique coloniaire n'a pas grande importance, spécialement lorsqu'il s'agit d'apprécier l'avantage de tel ou tel élément nutritif pour les Algues. Dans ce cas, il s'agit d'évaluer l'abondance des cultures, cette appréciation peut se faire de diverses façons, d'abord dans les cas où une précision parfaite n'est pas requise et où il suffit de noter s'il n'y a pas ou s'il y a culture, tout en disant que cette culture est faible, moyenne, forte ou très forte. On pourra se contenter de ces appréciations. Mais il est d'autres cas, où une détermination numérique devient intéressante.

Il y a plusieurs façons qui ont été utilisées pour évaluer les cultures. Les plus simples sont celles employées par KORNILOFF (1913) qui reproduit les dessins de colonies développées sur milieux solides ; RAYSS, je pense, utilisa le même procédé. La comparaison des dessins permet certaines déductions quant à l'influence des matériaux nutritifs utilisés.

TERNETZ (1912) évalue microscopiquement l'abondance des cultures d'*Euglena gracilis* et complète cette appréciation par l'évaluation du nombre d'Euglènes qui se sont multipliées dans les cultures, en ayant soin d'ensemencer un nombre fixe de ces organismes. La mesure est une anse de platine de grandeur bien déterminée. C'est ainsi qu'il put classer les divers sucres suivant leur action favorisante sur la multiplication englénienne en milieux liquides.

GROSSMANN (1921) critiquant le mode d'appréciation des cultures faites par RAYSS, vu l'incertitude de cette méthode, cherche à compter pour *Scenedesmus* le rapport numérique entre les cellules isolées et les colonies. Il emploie une chambre à compter les globules ou des dispositifs analogues en multipliant les observations pour établir des moyennes et rapporte les numérations ainsi obtenues à un chiffre de base fourni par les cultures en milieu de Knop ½ qui est compté pour 1000. Le principe de cette façon d'opérer est à retenir, c'est en somme celui utilisé pour la numération des organismes dans le plancton. On trouvera sur ce sujet des indications détaillées dans les travaux d'hydrobiologie marine et d'eau douce. C'est d'ailleurs le principe qu'indique PRINGSHEIM (1926, p. 308).

Une autre méthode d'appréciation de la quantité des Algues est la numération par la technique exposée par HUFF (1916). Une quantité déterminée, 500 cc par exemple de liquide, est versée sur un filtre à robinet pourvu d'une couche de sable de 2 cc. Le sable retient tous les organismes. Quand il reste 5 cc d'eau au-dessus du filtre de sable on arrête l'écoulement du liquide en fermant le robinet, puis on vide le tout dans un petit gobelet. On rince le filtre et le sable avec 5 cc d'eau qui enlève les organismes, les met en suspension. On décante ensuite à plusieurs reprises les 10 cc d'eau (avec Algues) que l'on sépare des grains de sable. Alors on mélange bien ces 10 cc pour répartir également les organismes que l'on dénombre à l'hématimètre, etc... Les chiffres sont rapportés à 1 cc, ce qui permet facilement d'évaluer la richesse des liquides en Algues.

MEINHOLD (1911) emploie un autre procédé pour apprécier l'intensité du développement d'Algues soumises à diverses lumières colorées. Les cultures traitées sont ensemencées en milieu, gélosées et numérées par le nombre de colonie qui apparaissent en culture. Pour ses expériences MEINHOLD prend comme 100 le nombre de colonies qui se sont développées à la lumière du jour. Il a pu ainsi déterminer l'action des divers rayons du spectre solaire sur la croissance d'Algues.

ONO (1900), TREBOUX (1905) établirent le rendement des Algues non par des numérations mais par des dosages de la matière sèche. Afin de permettre des comparaisons il est à conseiller de donner le poids de substance sèche récolté en le rapportant à un litre de liquide. Nous avons employé (KUFFERATH 1913) les pesées de récoltes pour apprécier le développement de *Chlorella luteo-viridis*. Nous avons complété (KUFFERATH 1920 c) en rappelant le travail de RAVIN (1914) qui étudie la question de façon précise, les conditions à remplir pour la pesée et l'appréciation des poids de récoltes d'Algues.

Enfin TOPALI (1923) indique la méthode de dosage à suivre pour apprécier les quantités d'Algues produits dans des liquides de Detmer de diverses concentrations. Le procédé utilisé consiste non plus à faire des pesées d'Algues mais à titrer la culture par le permanganate de potasse. Cette méthode avait été appliquée au plancton par KNAUTHE. Les résultats sont exprimés soit en grammes de permanganate employé, soit en oxygène. Ce procédé est évidemment parfait s'il s'agit de cultures en milieux inorganiques ; pour l'étude des récoltes des milieux organiques, il peut ou bien être inutilisable, ou bien doit être modifié et approprié aux circonstances.

L'action qu'exercent les Algues sur les milieux, les modifications chimiques qu'elles y déterminent, modifications en rapport avec leur activité cellulaire, leur nombre forme un sujet d'étude biologique. De tels sujets sont des plus intéressants, malheureusement ils sont encore trop peu nombreux dans l'étude de la physiologie des Algues. Nous avons abordé de telles questions, voir KUFFERATH (1913, 1920 c) qui ne sont résolubles que si l'on travaille avec des cultures pures. L'étude de TANNER (1923) sur la protéolyse par les Algues marque bien à quel point de telles recherches de biologie algologique sont fécondes. Les notes de TOPALI (1923) sur l'assimilation photosynthétique, sur la détermination de l'intensité d'assimilation des Algues par la quantité d'oxygène, etc., sont un début dans cette voie captivante des réactions de l'organisme aux conditions expérimentales du milieu. De même les recherches de GENEVOIS (1928).

Il est naturel que pénétrant dans le domaine de la biologie chimique des Algues une quantité invraisemblable de problèmes puissent être résolus. Ces solutions ne seront acquises que par l'emploi strict des cultures pures, et cela montre peut-être mieux que tout autre argument, l'importance future que prendra la cuture pure des Algues. Le perfectionnement de la chimie, la microchimie seront ici d'un secours inestimable.

CONSERVATION DES CULTURES PURES D'ALGUES

La conservation des cultures pures d'Algues demande quelques soins, analogues à ceux que l'on prend pour la conservation des cultures microbiennes. Les flacons étant bouchés à l'ouate, on devra prendre des précautions pour empêcher l'apparition d'infections spécialement des champignons, (flambage des tampons de coton, stérilisation de ceux-ci par une solution de sublimé, capuchons protecteurs). On évitera les locaux humides, poussiéreux ou présentant des courants d'air, cela va de soi. On évitera également un éclairage trop vif et comme le disait déjà MIQUEL en 1890 on préférera la lumière d'une fenêtre exposée au Nord. Beaucoup d'Algues et les Diatomées ne se développent ni à l'obscurité, ni dans le demi-jour, dans ce cas elles peuvent conserver longtemps (quelques mois) leur faculté de reproduction. La chaleur trop vive (appareils de chauffage) est nuisible à la vitalité des cultures. D'après MIQUEL les températures de 10 à 30° C sont les plus favorables au développement de nombreuses Algues.

Les cultures conservées en milieux liquides ou gélifiés perdent peu à peu leur eau par évaporation. On remplacera l'eau évaporée en opérant stérilement. On utilisera pour cela de l'eau distillée, de l'eau physiologique. La conservation sous des cloches, qui diminuent l'évaporation n'est pas à conseiller, ce matériel est encombrant, de plus, dans l'atmosphère confinée et humide des cloches, les champignons peuvent causer des grands dégats.

Il est bon de ne pas attendre que les cultures d'Algues soient presque complètement desséchées avant de les repiquer. A moins d'indications contraires, on le repiquera au bout de quelques mois. On aura soin de les conserver soit dans une quantité assez grande de liquide, soit sur une épaisse couche de gelose, de gélatine, etc., qui se dessèche moins rapidement.

Pour éviter l'évaporation des cultures, on peut sceller les tubes qui contiennent les Algues. Cette fermeture hermétique permet de les expédier sans crainte de contamination.

GRINTZESCO (1902) signale que l'on peut conserver les Algues à l'état sec. Pour cela, on met de tout petits flacons contenant les cultures dans un dessicateur à Ca Cl^2 ou SO^4 H^2. La gélose et la gélatine abandonnent en quelques heures leur eau et il reste une mince couche de milieu enveloppant les colonies. Il suffit d'humecter avec de l'eau stérilisée quand on veut s'en servir pour l'examen. Cette propriété de résister à la dessication est naturelle à beaucoup d'Algues, mais elle n'est pourtant pas générale. On ne pourra donc suivre cette indication de GRINTZESCO dans tous les cas.

Quand les cultures traînent, on ajoutera avec l'eau, remplaçant celle d'évaporation, des traces de sels nutritifs appropriés. G. M. SMITH (1914) conseille pour conserver les cultures liquides en Erlenmeyer de 200 cc de les cultiver dans 50 cc de liquide minéral additionné de 0,2 p. 100 de glucose. Cette faible quantité de sucre ne provoque pas la formation de formes animales observées dans les concentrations plus fortes de sucre.

MAINX (1927) a signalé que la conservation d'*Eremosphaera* en cultures se fait mieux quand on plonge dans les liquides nutritifs une bande de papier, sur ce support l'Algue vit d'ailleurs mieux que sur gélose.

Uspenky (1925) a montré que pour conserver *Volvox* en bon état, il suffit d'ajouter régulièrement des traces de sels de fer aux liquides de culture afin de remplacer le fer qui a disparu des cultures soit par insolubilisation, soit par utilisation. Cette prescription illustre le fait que l'on connaît encore très peu dans les détails, que les milieux de culture se modifient parfois beaucoup plus qu'on ne serait tenté de le croire à priori. Les modifications du pH des liquides nourriciers sont parfois suffisants, spécialement pour des organismes tels que les Amibes, les Fagellates pour arrêter tout développement. On ne devra en tout cas pas perdre de vue cette question.

La grande majorité des Algues obtenues en culure pure (*Chlorella, Hormidium, Oocystis,* etc.) ne possèdent que des cellules d'une seule sorte ou si elles se reproduisent donnent des cellules filles, des auto-spores identiques aux cellules mères. La conservation d'Algues qui passent par des stades de zoosporulation, de production, de gamètes, peut être plus délicate dans ce cas, qui n'est pourtant pas général, où les spores ou gamètes ne peuvent se transformer directement en cellules végétatives. Lorsque les spores ou gamètes doivent, avant de donner lieu à de nouvelles générations, passer par des stades inter-médiaires (formation de zygotes par exemple) et que l'on ne réalise pas en culture les conditions de la formation de ces organes. On peut voir disparaître une culture jusque là florissante. Il faut évidemment être au courant de la biologie des organismes pour pouvoir les main-tenir dans leur activité vitale complète. Mais ce sont là des difficultés qui ne se sont guère présentées jusqu'ici. En fait on constate que les Algues se maintiennent très bien à un état donné de leur forme en les nourrissant convenablement. Ce n'est que lorsque l'alimentation fait défaut ou que se produisent des modifications particulières qu'apparaissent des cellules durables des états nouveaux.

LES CULTURES EN MILIEUX LIQUIDES NUTRITIFS
ET LA PHYSIOLOGIE GENERALE

Les progrès de la Chimie ont permis de fonder sur des bases solides la physiologie générale. Ce n'est que quand les méthodes analytiques furent suffisamment précises que les chimistes purent aborder l'étude chimique des végétaux et des animaux. Ces bases servirent de fondement à la physiologie végétale.

Il y a cinquante ou soixante ans, on avait reconnu définitivement que la matière vivante était constituée par du carbone, de l'oxygène, de l'hydrogène et de l'azote associés à une quantité plus ou moins grande de cendres. Les éléments trouvés dans ces cendres sont peu nombreux, quelle que soit la matière vivante étudiée. Les récoltes, les animaux domestiques enlèvent au sol des quantités importantes de cendres. Restituer ces cendres au sol fut l'idée féconde qui a permis un développement prodigieux de l'agriculture. L'emploi des engrais est fondé sur ces notions. Tout le monde sait que le nombre des engrais n'est pas considérable ; les principaux sont les sels potassiques, les phosphates, les engrais azotés, en plus il faut citer les amendements calcaires (marne, chaux) qui, sans être des aliments minéraux de premier ordre, ont des actions tou. à fait remarquables dont on ne saurait se passer. Pour le reste, le soleil, la pluie l'air, le sol remplissent leur rôle naturel.

Les besoins des Algues ne sont, d'une manière générale, pas différents de ceux des phanérogames. On a constaté dès le début de l'expérimentation en liquides nutritifs, que les milieux favorables aux plantes supérieures étaient contaminées par des Chlorophycées, par des Diatomées. C'est donc que les liquides nutritifs généraux, tels que ceux de Cohn, de Sachs, de Knop, etc., offrent des conditions favorables aux développements de ces organismes. Les liquides nutritifs pour les Algues sont dérivés directement de ceux qui furent utilisés pour les Phanérogames.

La méthode analytique a permis aux savants du 19ᵉ siècle de fixer les éléments constitutifs de la matière vivante. Il était tout naturel de tenter leur synthèse et de reconstituer cette matière vivante. On sait le succès qu'eut la théorie minérale de LIEBIG et les progrès qui en résultèrent pour l'humanité.

A peu près simultanément se crée une nouvelle science, la bactériologie. Sous l'impulsion de Pasteur, des méthodes originales servent à propager les microbes, à rechercher leurs propriétés pathogènes et autres. Leur culture se développe suivant des méthodes d'isolement qui facilitèrent l'étude des Bactéries, des Levures et Champignons. Koch et Hansen firent connaître des techniques propres et nouvelles.

Les Algues présentent une certaine ressemblance avec les microbes. Il n'est pas étonnant que les bactériologistes songèrent à les cultiver. Les premiers savants, Beijerinck, Miquel, Chodat qui réussirent des cultures pures d'Algues furent tous des bactériologistes. Plus récemment, on s'est mis à l'étude des protozoaires. Ce sont encore des bactériologistes qui abordèrent cette question. On commença pas isoler les protozoaires pathogènes : des Trypanosomes, des Amibes, on finit par élever toutes sortes de protozoaires : des Rhizopodes, des Ciliés, des Flagellates.

En fait, la cultude des Algues a le plus profité de la discipline bactériologique. Elle n'est vraiment possible que dans les laboratoires outillés pour stériliser convenablement les milieux ; tout le matériel à utiliser est à peu près le même que celui qui sert à l'étude des microbes. Aussi n'est-il pas étonnant que le côté physiologie botanique ait été quelque peu délaissé à propos des cultures d'Algues.

Incontestablement, l'étude des cultures d'Algues, leur nutrition sont du domaine de la physiologie botanique. Pour ces organismes les échanges de matière se présentent dans des conditions particulières très favorables à l'étude. Les Algues sont des organismes simples : généralement unicellulaires, vivant dans l'eau ou en milieu humide, sans tissus de conduction semblables à ceux qui véhiculent la sève chez les Phanérogames. Simplicité cellulaire, croissance rapide, sensibilité réactionnelle parfaite, sont des éléments qui attirent l'attention du physiologiste. De plus, la forme si gracieuse et si caractéristique des Algues, leur cycle de vie curieux, parfois compliqué, viennent augmenter l'intérêt des cultures et se prêtent à des recherches physiologiques ou cytologiques passionnantes

Dans aucun des nombreux travaux relatifs aux cultures d'Algues nous n'avons trouvé l'exposé de la question physiologique en rapport avec les questions générales de nutrition et d'échange des matières.

Il est possible que les auteurs qui se sont occupés des cultures d'Algues n'aient pas cru devoir revenir sur des notions qui forment le bagage de tout physiologiste botaniste. Les liquides de culture fondamentaux datent de plus d'un demi-siècle. On s'est aperçu, de nombreuses modifications en témoignent, que ces milieux, bien qu'ils soient dits complets ne se prêtent pas à toutes les cultures et qu'il n'y a pas comme l'écrivait Mazé (1919) de solution « omnibus » se prêtant indifféremment à la culture de toutes les espèces végétales. La physiologie, l'étude des échanges de matière se sont profondément modifiées. La base même sur laquelle est fondée la théorie des solutions minérales est changée, non dans ses grandes lignes, il faut le dire, mais par suite d'un perfectionnement des méthodes de dosage chimique. Il suffit de constater que ce n'est que tout récemment que l'on est parvenu à doser directement le sodium. G. Bertrand et ses collaborateurs, en 1927 et 1928, ont étudié de près la question. Autre fois le sodium se dosait par différence ; actuellement on l'apprécie par la méthode de Streng-Banchetière, ainsi que le montrent Bertrand et Peritzeanu (1927 c). N'en est-il pas de même pour d'autres éléments tels que le zinc, le nickel, le cobalt, etc., décelé à des doses infinitésimables par Bertrand et ses élèves ? Des éléments qui avaient été négligés : le manganèse, le silicium, l'aluminium, le fluor, le bore, l'iode, etc., jouent d'après Mazé (1914, 1919, 1927) un rôle qu'on ne peut plus passer sous silence et dont ne se doutent même pas les physiologistes de la première heure.

Dans de telles conditions, il n'est pas inutile de reprendre la question de l'échange des matières et de passer en revue les idées nouvelles introduites dans la science physiologique. Elles permettront certainement de résoudre des questions que nos devanciers n'avaient pu entrevoir. Nous pensons qu'elles serviront à ceux qui les appliqueront à la question assez limitée mais combien attachante de la culture des Algues.

CONCEPTION CLASSIQUE SUR L'ECHANGE DE MATIERE

Cette conception est celle des traités de physiologie et de botanique générale. On la trouve dans Pfeffer (1906), Strasburger (1900, etc.), Palladine (1902) Vines (1898) et plus récemment dans Chodat (1907, etc.) et Jean Massart (1921-1923).

Il n'entre pas dans nos intentions de répéter ici des notions qui doivent être familières à tout botaniste s'intéressant à la physiologie, ni de refaire un exposé que d'autres ont fait magistralement. Il

nous suffira de rappeler ce qui est nécessaire et utile au problème
de la culture des Algues que nous envisageons ici. Nous nous occu-
perons plus spécialement des éléments biogéniques et réserverons
la question de l'assimilation des substances organiques sur laquelle
nous avons déjà donné de nombreuses indications (1913).

On trouvera dans PFEFFER (1906, p. 411 à 420) un exposé sur les
éléments des cendres dans les plantes. Cet exposé est intéressant,
car il rend compte des idées qui servirent à constituer les milieux
nutritifs classiques. Parmi les éléments minéraux nécessaires à une
végétation normale, en plus de C, H, O, N il faut compter

$$K, \quad Mg, \quad P, \quad S, \quad Fe.$$

Les autres éléments minéraux de la nature ne sont pas nécessaires
à la vie et aucun d'eux ne peut remplacer les précédents.

Les liquides nutritifs ne renferment que les éléments nécessaires
qui doivent être offerts aux végétaux sous une forme assimilable.
Les acides et alcalis libres étant nuisibles, la combinaison utile des
éléments nécessaires ne peut être fournie que sous la forme de sels ;
dans ceux-ci le K, Mg et Mc forment la partie basique, N, P et S les
radicaux d'acides. C'est pour cela que les milieux renferment des
phosphates, des sulfates et des nitrates.

Suivant que l'on utilise des phosphates tri-, bi- ou monobasiques
on obtient des solutions à réaction alcaline, neutre ou acide. L'expérience a montré que la réaction acide est favorable aux Phanérogames, les racines étant protégées contre la lumière. D'après beaucoup
d'auteurs, les Algues préfèrent une réaction alcaline, qui est d'ailleurs
nuisible aux plantes supérieures. Ce n'est pourtant pas une règle
absolue. Par la culture, les liquides nourriciers s'appauvrissent en
sels, se modifient dans leur constitution et leur réaction. Pour maintenir une réaction acide, l'addition de chlorures s'est révélée favorable;
c'est pourquoi certains auteurs ajoutent soit du chlorure de potassium,
soit du sel ordinaire en petite quantité.

La discussion des principes physiologiques de la nutrition végétale nous amène donc à la conception générale exprimée par les
formules de VINES, que nous avons données précédemment (voir
p. 216). On remarquera que dans ces milieux nourriciers, de même
que dans ceux de Knop, de Sachs, etc., le calcium bien que considéré
comme élément accessoire, est introduit en proportions assez fortes.
En effet, si on refuse à la chaux un rôle protoplasmique, ce qui est

discutable, il est certain qu'elle constitue pour les membranes un élément de solidification par son union avec les pectates, la cellulose.

Tels sont en quelques mots les principes qui ont guidé les physiologistes dans la confection de leurs milieux nutritifs. Une de leur préoccupations fut de présenter les sels nutritifs sous une forme directement soluble, c'est-à-dire apte à une assimilation directe. L'introduction de la chaux dans les mélanges de sels amène des insolubilisations. Il se forme en effet des phosphates de chaux, qui à la stérilisation prennent la forme tricalcique, du sulfate de calcium peu soluble. Le fer également donne des composés insolubles. Dans les milieux à réaction acide ces inconvénients sont moindres que dans ceux à réaction alcaline. Aussi trouve-t-on dans les traités des indications très détaillées sur la confection des milieux liquides. Ces indications paraissent puériles aux lecteurs superficiels mais elles sont parfaitement justifiées. Un procédé à recommander est d'ajouter les quantités de sels nutritifs dans l'ordre suivant : d'abord les sels solubles ne réagissant pas par précipitation entre eux, dilués à la dose convenable ; ensuite, ajouter les sels de chaux et de fer en agitant le liquide de façon continuelle. L'addition de phosphate tricalcique se fait sous forme de poudre excessivement fine. Lorsqu'on emploie ce sel il faut agiter de temps en temps les cultures pour le mettre en suspension et permettre aux racines d'entrer en contact avec lui.

Il y a enfin une question à laquelle il faut faire attention, c'est celle de la concentration saline totale. Pour les plantes supérieures on peut aller jusqu'à 2.5 pour cent en poids de sels solubles. mais il est bon d'éviter ces fortes doses et de s'en tenir à 1 et 2 p. 100 de sels. On sait qu'il existe une concentration optimale pour chaque organisme. C'est celle que l'on choisira soit en suivant les indications des expérimentateurs antérieurs, soit en la déterminant par des essais préliminaires. Pour les Algues les concentrations des liquides nutritifs ont été abaissés petit à petit ; beaucoup d'auteurs ne dépassent pas 1 p. 100 et préfèrent des doses de 0.5 p. 100. Dans certains cas des doses moindres se sont montrées profitables aux cultures et la concentration totale en sels ne dépasse pas 0.5 à 1 p. 1000. Beaucoup d'auteurs modernes préfèrent de pareilles concentrations.

C'est dans le cadre physiologique que nous venons de tracer que s'est développée la question des cultures d'Algues en milieux liquides. Les solutions nutritives ont été additionnées de substances variées inorganiques ou organiques, soit à doses infinitésimales, soit en doses massives, de manière à déterminer leur action toxique, osmotique ou simplement nutritive.

Une question qui préoccupe beaucoup le monde savant est celle de la nutrition azotée. Aux nitrates, on substitua des composés ammoniacaux ou des composés organiques parmi lesquels la peptone, chère aux bactériologistes, figure au premier plan, avec l'asparagine. Il suffit de rappeler à ce sujet les recherches variées de Lutz (1898 à 1905) avec les substances azotées les plus diverses pour démontrer les ressources expérimentales de cette méthode. Il est inutile d'ajouter que toute la série des sucres, des acides gras, etc., fut largement mise à contribution. Malheureusement, un grand nombre des recherches sur ces sujets fut faite dans des conditions de pureté insuffisante des cultures. Ce qui leur enlève toute valeur et explique souvent la raison de constatations contradictoires sur l'assimilation des substances.

N'est-il pas regrettable de constater que des travaux, considérés par d'aucuns, comme fondamentaux pour la physiologie algologique ont été faits avec du matériel impur, pour ne pas dire affreusement souillé ? Tels sont ceux de Klebs, de Molisch, de Benecke. Si l'on doit être reconnaissant à ces auteurs d'avoir indiqué une voie expérimentale intéressante, on ne peut pourtant pas toujours leur accorder pleine confiance.

Massart (1921, p. 4) donne une mise au point récente des éléments utilisés par les êtres vivants. Il indique comme éléments biogéniques qui font partie de tout *protoplasme*, ceux cités ci-devant sauf le fer. A côté de ceux-ci, les éléments qui font partie de beaucoup d'organismes sont Na, Si, Cl, Ca, Mn et Fe. Ils sont rangés suivant leur poids atomique. En plus on rencontre exceptionnellement Fl, Al, Ca Br, Sr, I.

Massart fait remarquer la légèreté atomique des éléments biogéniques qui ont l'avantage de former des combinaisons plus solubles dans l'eau que les atomes lourds. Or les échanges chimiques qui se passent entre l'organisme et sur un lieu, tant pour son alimentation que pour l'élimination des résidus, exige naturellement que les substances soient dissoutes.

Si nous abandonnons le terrain de la physiologie générale nous examinons quelles sont les données analytiques relatives à l'analyse des Algues, nous restons confondus.

CHODAT (1907) donne page 21 l'analyse des cendres de *Fucus Vesiculosus, F. nodosus, F. serratus* et *Laminaria*, Algues brunes marines.

	F. vesiculosus	*F. nodosus*	*F. serratus*	*Laminaria*
K^2O	15.23	10.07	4.51	22.40
Na^2O	24.54	26.59	31.37	24.09
CaO	9.78	12.80	16.36	11.86
MgO	7.16	10.93	11.66	7.44
FeO	0.33	0.29	0.34	0.62
P^2O^5	1.36	1.52	4.40	2.56
SO^3	28.16	26.69	21.06	13.26
SiO^2	1.35	1.20	0.43	1.36
Cl	15.24	12.24	11.39	17.23
I	0.31	0.46	1.13	3.08
TOTAL........	103.46	102.79	102.65	103.90

Les totaux ne correspondant pas à 100 de cendres, il est possible que cela provienne de ce que les éléments, sauf Cl et S, ont été exprimés sous forme oxygénée. Quoiqu'il en soit cette analyse donne la proportion d'éléments dans les cendres. On notera les quantités importantes de Cl et de soude (dosée par différence ?) atteignent environ 40 pour cent de la totalité des sels.

Il y a d'ailleurs, selon LAPICQUE (1919), des variations saisonnières de composition chimique des Algues marines, un balancement entre les sels solubles des cendres et la teneur en hydrates de carbone solubles chez *Laminaria* dont la teneur en substance riche passe de 15-16 (en mars) à 24-25 p. 100 en été. Les cendres solubles sont presque deux fois plus abondants en mars qu'en été. Inversement les hydrates de carbone presque absents au printemps sont près de 30 fois plus abondants au cours de l'été. De telles variations sont à noter et montrent toute la complexité de la question. Certainement, on aurait une idée plus exacte des phénomènes, si l'on pouvait faire des dosages au cours des diverses saisons. Les éléments des cendres sont-ils les mêmes en hiver qu'en été, leurs proportions varient-elles ?

Quelques analyses d'Algues sont données par STEUER (1910). Voici par exemple quelques analyses :

	Fleur d'eau douce	Peridiniens surtout *Ceratium tripos*	Diatomées *Chaetoceros*
Cendres	5.2 p. 100	5.0	60 à 64
Graisses	1.3	1.3 à 1.5	2.5
Matières azotées.......	13.0	13	10 à 11.5
Extractifs non azotés..	39.0	—	—
Cellulose	41.5	—	—
Hydrates C (surtout de la chitine)..............	—	80.5 à 80.7	21.5

Chez les Diatomées on trouve de 50 à 58.5 p. 100 de Si O^2 dans les cendres.

STEUER qui donne également des exemples d'analyses d'eaux douces et marines (p. 22 à 30) signale des eaux marines en matières organiques solubles, ces matières seraient directement assimilées par les Algues et Protistes marins. Il ajoute d'ailleurs qu'il suffit d'ajouter une infusion de paille, cuite et filtrée, pour maintenir normalement en vie des Daphnies.

Plus récemment CORNEC (1919) donne une liste qualitative des éléments trouvés dans les cendres des plantes marines. A ceux qui ont déjà été signalés : Ag, As, Co, Cu, Mn, Ni, Pb, Zn, Bi, Sn, Ga, Mo et Au, l'auteur ajoute Sb, Ge, Gl, Ti, Tu, Va. Mais ces éléments sont-ils assimiliés ou simplement absorbés par les tissus ? On n'en sait encore rien.

DENIS (1925-1926, p. 92) signale, d'après TASSILY et LEROIDE, la présence d'As dans des proportions de 0.010 à 0.070 pour 100 dans les Algues marines. Il insiste sur les remarques de SAUVAGEAN (1918) sur la nécessité de ne soumettre à l'analyse que des Algues marines propres, débarrassées de leurs épiphytes et récoltées sur place. Il y a aussi lieu de s'assurer de l'identité exacte des Algues à analyser.

BERTRAND et PERLTZEANU (1927 a, b, c) ont dosé directement le sodium et le potassium dans des Algues marines, ils ont trouvé :

ALGUES	SODIUM			POTASSIUM			Rapport $\frac{K}{Na}$
	p. 100 matière fraiche	p. 100 matière sèche	p. 100 de cendres	p. 100 matière fraiche	p. 100 matière sèche	p. 100 de cendres	
Ulva lactuca L.............	0.0062	0.0315	0.154	0.065	0.329	1.507	10.45
Rhodymenia palmata L......	0.0054	0.0372	0.485	0.420	2.902	37.784	78.0
Laminaria saccharina L......	0.0441	0.5757	3.265	0.281	3.670	20.804	6.37
Pelvetia canaliculata D. et Th.	0.3634	1.5183	8.221	0.533	2.223	12.034	1.46
PHANEROGAME							
Zostera Maritima L......... (tiges feuillues)	0.5471	3.5070	16.782	0.633	4.059	19.223	1.15

En conclusion, BERTRAND et PERITZEANU considèrent le sodium comme un élément constitutif des cendres. Pour les Algues marines, les lavages opérés à l'eau distillée ont pu modifier les quantités des sels alcalins, aussi, d'après BERTRAND, y a-t-il lieu de reprendre ces analyses. Le rapport K/Na qui varie de 3 à 1040 chez les végétaux est compris souvent pour les plantes terrestres entre 100 et 1040. On voit d'après les analyses ci-dessus qu'il est généralement fort inférieur à 100 chez les Algues marines. On comparera cette analyse avec celle donnée par CHODAT.

BERTRAND et SILBERSTEIN (1927) ont dosé le soufre dans la terre par des méthodes perfectionnées. On ne les a pas encore appliquées à l'étude des Algues. D'autre part BERTRAND et NAKAMURA (1927) ont trouvé des notables quantités de Ni et Co chez les souris; leurs méthodes de dosage devraient être appliquées aux Algues. Plus récemment, le Baryum et Sr ont été dosés par BERTRAND et SILBERSTEIN (1928 a à d), il ne serait pas étonnant qu'on ne les trouvât pas dans les végétaux. L'importance du zinc pour les végétaux ne fait plus de doute après les remarques de BERTRAND et BENZON (1928).

On comprend que les chimistes se soient adressés aux grandes Algues marines assez faciles à obtenir dans un état convenable pour l'analyse. Il n'en est pas de même quand il s'agit d'Algues microscopiques ou simplement filamenteuses, que l'on ne peut séparer des parasites et autres organismes. Il y a d'ailleurs une grande difficulté, c'est d'obtenir des quantités suffisantes de matériel pour les analyses. Tout au plus pourrait-on réussir avec des espèces formant des thalles charnus ou de grandes formes aquatiques telles que *Lemanea, Bangia, Hydrurus, Vaucheria, Prasiola*, certaines Cyanophycées, *Nostoc*.

Fritsch (1922 a, b), Fritsch et Haines (1923) ont déterminé pour quelques Algues terrestres les teneurs en humidité à l'état naturel et après dessication. Mais nous n'avons guère trouvé, au cours de nos lectures, d'analyses d'Algues d'eau douce. Ce qu'en donne Steuer (1910) est peu de chose. Il est à espérer que, grâce à l'emploi des microdosages chimiques, on pourra combler cette lacune et avoir une base permettant d'établir, d'une façon plus circonstanciée et moins empirique qu'actuellement, la composition des liquides nutritifs. Il est vrai que l'on pourrait peut-être opérer comme le fit Pasteur pour assurer l'alimentation des Levures en leur fournissant comme élément minéral celui des cendres de ces mêmes Levures. Mais ce qui est possible pour les Levures devient bien difficile pour les Algues, à cause de la grande quantité d'Algues qu'il faudrait réunir pour obtenir quelques grammes de cendres.

Il y a pourtant une solution temporaire, c'est de cultiver les Algues dans les eaux où elles vivent normalement. Empiriquement ce procédé peut être utile. Il est en effet reconnu par l'expérience que les eaux naturelles constituent des milieux excellents de culture. Malheureusemnt ces liquides, d'ailleurs peu concentrés, s'appauvrissent très rapidement. En quelques jours, les cultures, qui semblaient prospérer, meurent. On pourrait utiliser la très heureuse idée de Miquel (1890) de minéraliser les eaux naturelles. On a, jusqu'à présent, rien tenté dans cet ordre d'idées.

Une chose remarquable, c'est de constater la puissance d'accumulation d'éléments que possèdent les Algues. Citons pour n'en donner qu'un exemple celui des Diatomées qui se constituent une carapace siliceuse. Pour les Algues marines, on a souvent signalé la forte accumulation de l'iode que l'on ne trouve pourtant qu'à l'état de traces infimes dans l'eau de mer. C'est là un cas classique, sur lequel les récentes études de Dangeard (1928 a, c) attirent à nouveau l'attention.

Il y a lieu de noter, comme le fait remarquer Miquel (1890), que les conditions naturelles ne sont pas toujours les plus favorables pour les Diatomées puisque, par des artifices de culture, on arrive à les multiplier abondamment.

Pour se rendre compte de l'influence du milieu, il est vraiment nécessaire de le connaître. Dans cet ordre d'idées on ignore encore beaucoup de choses ; bien souvent les savants, qui étudient les Algues dans la nature, donnent des listes d'Algues incomplètes et omettent fréquemment de donner des indications sur les caractères des milieux nature géologique des terrains, analyse des eaux, plantes associées ; la situation précise des recoltes n'est pas toujours fournie : cela permettrait au moins à d'autres chercheurs de reprendre les travaux de leurs devanciers et de les compléter suivant les progrès de la science.

L'étude de la nature est la source toujours nouvelle de nos recherches. Le tout est de pouvoir l'interroger. Nous possédons pour cela des moyens variés dépendant de la chimie, de la physique, de la physico-chimie, sans compter les techniques biologiques. Cet arsenal d'étude augmente chaque jour et à chaque pas nouveau de plus grands horizons s'entr'ouvrent. C'est par ces méthodes que l'on parviendra à mieux connaître le milieu dans ses caractéristiques.

Que connaissons-nous de la composition des eaux naturelles ? SCHOUTEDEN (1910) a donné dans une étude modèle des analyses d'eaux et de terres des principales stations étudiées au littoral belge. Ces renseignements sont précieux et pleins d'enseignement pour l'étude de la flore de cette région. MOORE et CARTER (1923) mettant à profit de longues investigations sur les eaux des lacs américains ont pu donner un classement des Algues suivant l'alcalinité des eaux. Voici un relevé que nous avons fait, d'après ces auteurs, pour les grands groupes d'espèces planctoniques trouvées :

	dans les eaux alcalines	dans les eaux douces (freshwater !)	communes dans toutes les eaux
Cyanophycées	29 espèces	18 espèces	14 espèces
Conjuguées, etc.	1	16	8
Volvocacées	2	1	2
Protococcales, Ulothricales.	13	29	17
Characées	10	49	27

Les eaux alcalines ne présenteraient pas de fleurs d'eau.

On connait le succès qu'eurent les distinctions faites par KOLKWITZ (1908) pour le classement des eaux. NAKANO (1917) reprend ces notions et propose, au lieu des mots assez barbares et vilains de poly, méso et oligosaprobe, ceux d'oligotrophes, mésotrophes L et B et polytrophes caractérisant les organismes pouvant vivre dans des doses variées de glucose, correspondant aux degrés d'impuretés des eaux naturelles suivant les distinctions de KOLKWITZ et MARSSON.

Un procédé plus chimique d'appréciation des matières organiques des eaux, de leur souillure est celui du titrage par le permanganate de potasse. Ce même procédé a été utilisé par TOPALI (1923) pour apprécier la quantité d'Algues dans les cultures en liquide Detmer de diverses concentrations .

Nous donnerons plus loin quelques indications relatives au pH des eaux et des terres en rapport avec la flore algologique. Pour ce qui est des conditions physiques (température, lumière, données météorologiques, pression osmatique, mouvement des eaux, etc.) on possède de nombreuses indications ; la littérature récente en est donnée par DENIS (1925-1926, p. 88).

L'étude du milieu peut encore être faite à un autre point de vue, venant compléter les examens chimiques, physiques, etc. C'est celui de la sociologie végétale, l'association des Algues et des plantes macroscopiques, dans ALLORGE (1924 à 1926), dans ALLORGE et DENIS (1927) cette question est amplement développée avec une abondante bibliographie. Spécialement dans les tourbières, ces associations, où elles d'ailleurs extrêmement caractérisées, sont intéressantes. C'est ainsi que dans le « Caricetum filiformis » on trouve de nombreuses Algues, surtout des Desmidiées. Le Sphagnetum présente une flore différente et typique.

En Suisse, MESSIKOMMER (1927) a longuement étudié les associations algologiques de tourbières. Il distingue par exemple le Diatometum, le Fragilarito Crotonensis-Asterionelletum gracillimae, le Closterieto lineati-Pinnularietum Stenopterae, le Micrasterieto truncatae-Frustulietum saxonicae, l'Eunotietum exiguae.

Il est clair qu'il y a plus d'intérêt pour la sociologie botanique de connaître la liste complète des Algues d'une station que de savoir qu'en telle ou telle localité, on a trouvé un organisme curieux ou rare. C'est dans cet ordre d'idées que nous avons décrit la flore du Luxembourg (1914 a, b, c, d). Les spécialistes pourront facilement d'après nos listes caractériser les diverses stations que nous avons étudiées. Ajoutons que nous pensons qu'à l'avenir, les perfectionnements des milieux de culture pour Algues permettront de faire, outre le relevé purement descriptif des organismes d'une eau, une véritable analyse biologique par isolement et culture des espèces peuplant une eau donnée. Ce n'est pas là une chose impossible et il n'est point couteux que les éléments d'études que l'on pourra ainsi récolter seront autrement utiles et intéressants que ceux que l'on possède actuellement. De telles recherches sont tout indiquées dans les stations biologiques.

ETUDE DE QUELQUES FACTEURS NOUVEAUX POUVANT ETRE UTILISES POUR LA CULTURE DES ALGUES

Nous venons de passer en revue les idées qui ont prévalu jusqu'ici dans l'étude des milieux liquides pour cultures d'Algues. Leur application à l'isolement des Algues n'a pas toujours correspondu au travail qu'elles ont occasionné. La technique des cultures est en effet ardue et difficile. En fait, si l'on élimine tous les résultats douteux, les cultures uniagales, et que l'on ne considère que les cultures pures, on trouvera que le champ d'investigation n'est pas très grand comparativement au nombre d'Algues unicellulaires connues

Parmi les Algues obtenues en culture pure par divers chercheurs, nous trouvons surtout les genres *Chlorella, Palmellococcus. Hormidium, Stichococcus, Scenedesmus, Chlamydomonas, Chlorococcus, Cystococcus,* tous avec de nombreuses espèces isolées purement. En dehors de ces Chlorophycées, on a obtenu isolément des espèces intéressantes : *Porphyridium cruentum* (KUFFERATH 1912, 1920) parmi les Algues rouges, *Nitzschia putrida, N. Palla* et *Navicula minuscula* (RICHTER 1903), *Botrydiopsis minor, Heterococcus viridis, Tribonema, Monodus, Dictyococcus,* des gonidies de lichens et notamment *Coccomyxa* (CHODAT, 1913), de rares Hétérokontes, probablement des Conjuguées (CZURDA).

On le voit, la liste des genres cultivés purement est très courte. Dans certains genres, on ne connaît à l'état d'isolement pur qu'une ou deux espèces. Ce n'est que dans les genres *Chlorella, Hormidium, Stichococcus Scenedesmus* et *Chlamydomonas* que l'on en compte un grand nombre.

Que conclure de ceci ? D'abord que les divers chercheurs ont isolé les espèces les plus robustes, celles qui étaient les moins difficiles pour leur alimentation, celles que l'on trouve partout. Une autre raison des échecs réside dans la constitution des milieux et l'on comprend jusqu'à un certain point la remarque de Pascher (1927, p. 79) que les divers milieux nutritifs sont à peu près égaux entre eux pour la croissance des Algues. On ne devrait pourtant pas en tirer qu'il est indifférent d'employer l'un ou l'autre liquide nutritif ou que l'on puisse se borner à n'en utiliser qu'un sel. A contraire, il est de toute nécessité, et Miquel (1890-1892) insistait déjà sur ce point, de s'efforcer de modifier de toutes façons les conditions culturales. On trouvera dans ses travaux, parus dans les Annales de Micrographie (1892) de nombreuses expériences.

Nous avons ensemencé comparativement avec une même série d'Algues en culture pure différents milieux classiques: gélose de Beijerinck, avec et sans fer, gélose de Detmer au 1/3, avec et sans glucose à 1 p. 100 et nos milieux acide et calcique. La comparaison qui n'a jamais été faite à notre connaissance est suggestive et montre qu'en réalité les Algues les plus communes réagissent de façon assez variée. Il en ressort à toute évidence, que l'emploi de divers milieux s'impose pour distinguer les races ou variétés d'espèces considérées comme très voisines et qu'il y aura avantage à multiplier les milieux. On sait déjà que Chodat et ses élèves ont pu caractériser un bon nombre d'espèces rien que par les cultures en Detmer agarisé et en gélatine (colonies géantes). A ces milieux essentiels, il faut en adjoindre d'autres pour arriver comme cela se fait en bactériologie à caractériser une espèce autant par ses cultures que par ses caractères cytologiques.

Indépendamment des cultures sur milieux gélifiés, on obtient, comme nous l'avons dit, certains caractères par ensemencement d'Algues en solutions minérales avec ou sans addition de sucres ou de corps organiques. La fermentation de dépôt, sa coloration, ses caractères, un trouble passager, la formation de voile et d'anneaux peuvent donner des indications intéressantes de la même valeur que ceux obtenus en bactériologie par culture en bouillon de viande, peptone, lait, milieux synthétiques, etc...

Il y a donc lieu de considérer les formules de liquides nutritifs, dont nous avons donné une longue liste, comme des milieux perfectibles. Naturellement, comme le faisait très justement ressortir Pringsheim (1926), dans l'établissement des essais, on étudiera d'abord les conditions de milieu où vivent naturellement les Algues. D'après ce que nous avons déjà dit, cette étude n'a pas été poussée aussi loin qu'on eût pu le souhaiter. D'ailleurs dans ce domaine, il s'agit bien plus de cas d'espèce et chaque station naturelle devrait être analysée avec soin pour en dégager les caractéristiques. Ces remarques montrent la difficulté du problème. L'initiative, le flair du chercheur doivent souvent servir de guide.

En plus de ces éléments, on pourra mettre à profit une série de recherches nouvelles et de constatation récentes sur lesquelles nous allons maintenant donner quelques renseignements.

Eléments non biogéniques, considérés comme secondaires ou rares. — Dans la nature, les Algues se trouvent en présence de milieux tout différents de ceux qu'on leur offre en culture. Si l'on y rencontre les éléments des liquides dits complets, ils sont rarement à la concentration des milieux de laboratoire. Ne tenant pas compte de chlorure de sodium, on trouve que les eaux naturelles sont très peu riches en principes, disons pour fixer les idées 0,1 à 0,5 de gramme de résidu total par litre, et parfois moins ; certains éléments ne sont qu'à la dose du milligramme par litre.

Par contre, dans la nature, nous assistons à un renouvellement perpétuel et continu des solutions nourricières naturelles.

Divers auteurs ont insisté sur l'utilité de renouveler les liquides nutritifs ; ainsi Miquel (1890-92), Collison et Conn (1925) remplacent deux fois par jour les milieux pour la culture de blé à partir de deux grains. Il est vrai que cette pratique sert à éviter l'infection des graines. Mais on conçoit qu'elle demande beaucoup de soins et de manipulations.

A chaque instant, dans les milieux naturels, des traces de sel sont à la disposition des plantes. Or, c'est là une condition idéale pour l'assimilation. Nous avons montré (1920 c) qu'en culture, plus une substance (telle que du sucre) se trouve diluée et plus complètement elle est utilisée par les Algues.

Ainsi *Chlorella luteo-viridis* cultivée en présence de saccharose donne, si l'on rapporte la quantité d'Algues (en substance sèche) produite à 100 grammes de sucre :

46 grammes d'Algues sèches dans une solution à 0.4 p. 100
19.87 —   —   —   —   — à 3.   —
10.14 —   —   —   —   — à 10. —
 3.51 —   —   —   —   — à 30. —

Ce fait est général, il montre bien, que plus une substance

nutritive est diluée, mieux elle est utilisée. La dilution extrême
des liquides naturels est donc un élément qui favorise l'absorption
des sels.

Cela ressort très bien du travail de FROUIN et GUILLAUMIE (1928).
Ces auteurs disent que pour le Bacille tuberculeux en milieu synthétique, le rendement augmente avec la concentration minérale. Cela
résulte de leurs chiffres ; mais si l'on rapporte la quantité de Bacilles
produits dans une de leurs premières expériences, où ils augmen-
taient les doses de phosphate, non à la quantité de phosphate dans
les milieux mais pour 100 grammes de PO^4 K^{2}H, on constate que
le meilleur rendement est fourni par les cultures où il y a le moins
de phosphate. Les milieux concentrés sont très peu économiques
pour les organismes et pour les expérimentateurs.

Autre exemple tiré des mêmes auteurs. D'après eux « la quantité
de Bacilles récoltés est d'autant plus grande que le milieu contient
plus de glucose dans les limites indiquées ». En rapportant les récoltes à 100 gr. de sucre, on a :

Glucose %	Récolte	Récolte pour 100 gr. de glucose
0.478	0.194 gr.	40.6 gr.
0.904	0.215	23.7
1.832	0.387	21.1
4.032	0.452	11.2

On le voit, aux faibles concentrations, le glucose provoque des
récoltes quatre fois plus fortes en susbtance sèche qu'à une teneur
sucrée plus élevée. Ce qui est parfaitement d'accord avec les faits
que nous avions mis en évidence.

Dans la nature a côté des éléments biogéniques, s'en trouvent
d'autres considérés par les physiologistes comme secondaires ou
rares. Ces éléments peuvent être fixés par les organismes.

DESGREZ et MEUNIER (1926) ont trouvé que l'eau de mer au large
renferme 13.5 milligrammes de Sr par litre. Ils ont retrouvé dans
le test de coquillages jusque 1.42 grames de Sr et notent que cet
élément est surtout fréquent probablement dans les eaux calcaires.
Dans la mer, Sr est très vraisemblablement à l'état de sulfate. On
sait que BERTRAND et SILBERSTEIN (1928) ont trouvé quantité de Sr
dans la terre.

L'iode, d'après Oltmanns (1905) se trouve dans l'eau de mer à la dose de 0.2 milligrammes par litre. Cet iode se rencontre en combinaisons organiques. On en a trouvé de fortes proportions dans les plantes marines et dans quelques Algues d'eau douce : 1.2 mg. de la substance sèche dans *Batrachospermum*, 2.4 milligr. dans *Ulothrix* et 0.98 miligr. dans *Cladophora*. Ces analyses indiquent bien que l'iode est un élément que l'on peut retrouver dans les Algues d'eau douce.

Depuis longtemps Gautier (1899 a) a indiqué que les Algues d'eau douce renferment en iode 0.25 à 2.4 p. 100 de matière sèche. Pour les Algues marines Gautier (1899 b) a montré quelle est la répartition de l'iode minéral et organisé suivant la profondeur de la mer. Bourget (1899) a trouvé jusque 0.94 mgr. d'iode par kilogramme frais de plantes cultivées et signale que l'iode est inégalement absorbé par les végétaux.

Bechwith (1928) a dosé l'iode dans différentes eaux de l'Illinois, Minnesota, etc. ; par billion, il a trouvé 0.014 à 18 parties d'iode.

Enfin signalons les très intéressantes recherches de Dangeard (1928) sur l'iode et les ioduques des Algues marines. Ce savant est même arrivé en ces derniers temps à forcer des plantes qui ne paraissaient pas iodophiles typiques à présenter les phénomènes d'émission d'iode observés pour les Laminaires.

L'aluminium, d'après un travail récent de Von Faber, s'accumule dans les plantes des solfatares de Java. Mac Collum, Rusk et Becker (1928) on étudié la présence d'Al chez les végétaux et les animaux par spectrographie. Déjà en 1901, Devoux a signalé la fixation par des tissus mous de divers métaux en solutions salines très diluées. Non seulement, il y a fixation mais il y a des déplacements de métaux, les métaux lourds et alcalins terreux semblant plus fortement fixés que les alcalins. Le cuivre est chassé par le calcium, le potassium, le sodium. Ces phénomènes de déplacement par métaux sont parfois réversibles, ainsi Cu, Fe, Co chassent Li ou K fixés par les membranes. Les concentrations métalliques sont dans ces expériences de l'ordre du 100.000e au dix millionième. L'observation de réactions fut faite par réactions chimiques, par spectroscopie et étude des raies à la flamme. Rappelons les études récentes d'Effront (1926) sur ce même sujet.

Linow et Peterson (1927) ont trouvé de 0 à 0.02102 p. 100 de Mn chez les végétaux. On en dose trois fois plus dans les plantes à fécule que dans les céréales et les légumes. Les choux renferment de 0,000.52 à 0,001.50 p. 100 de Mn.

Le pouvoir d'accumulation existe aussi pour Mn chez *Valonia* qui en accumule 8 p. 100 (Voir OLTMANNS 1905). On attribue cette accumulation à un pouvoir électif des plantes vis à vis de certains éléments.

HARGUE (1927) a dosé dans du foin (*Poa pratensis*) quelques milligrammes de zinc, du manganèse, du cuivre à l'état de traces, et met en relation la présence de ces éléments avec l'action catalysatrice des métaux dans les combinaisons organiques (enzyures, vitamines). La même chose existerait pour le nickel et le cobalt. On connaît d'ailleurs les recherches de BERTRAND et BENZON (1928) sur la grande importance du zinc chez les végétaux et son abondance relative dans les parties vertes riches en chlorophylle.

DÖFLEIN (1923) au cours de ses recherches sur les Chrysomonodines s'intéresse longuement à la silice. La conviction du savant protistologiste est que, contrairement à ce que certains auteurs ont affirmé, le silicium joue, probablement sous forme organique, un rôle important pour la constitution des carapaces de Chrysomonodines. STERN CURT (1924) ajoute pour la culture d'*Acanthocystis* 0.05 p. 100 de silicate de Na ou liquide de Benecke. D'autre part, DÖFLEIN rappelle aussi l'accumulation de Brome par les Algues. BACHRACH et LEFÈVRE (1928) ont montré qu'en culture, la silice peut disparaître complètement des frustules de Diatomées qui perdent leur forme si caractéristique sur gélose et se déforment.

A côté de ces constatations, nous avons toute une série d'expériences des plus instructives sur le rôle des éléments secondaires ou rares. Nous n'en citerons que quelques-unes. MIQUEL (1890-1892 et 1892) fut l'un des premiers à reconnaître l'action favorisante de certains corps considérés comme rares. Déjà en 1890, il introduit dans ses solutions minéralisatrices Si, Io, Br. Il fit de plus toute une série d'expériences sur les doses mortelles de divers corps toxiques.

ONO (1900) évalua, par pesée de récoltes, l'action favorisante de quelques éléments qui n'ont pas de valeur nutritive. Le sublimé et le sulfate de cuivre sont nuisibles à toutes doses. Par contre Zn SO⁴, Ni SO⁴, SO⁴ Fe, SO⁴ Co, Na Fl, NO³ Li, As O³ K³ qui sont des poisons à certaines doses ont une action favorisante sur le développement des Algues lorsqu'ils sont très fortement dilués. Il y a un optimum de concentration de ces éléments. Certains sels SO⁴ Zn et Na Fl entravent au moins partiellement la formation de spores.

Voici quelques chiffres à concentration pour 1000 :

	Dose nuisible (maximum)	Dose optimale
Zn SO⁴......	0 gr. 016 p. 100	0 gr. 000.3 à 0 gr. 000.6
SO⁴ Fe......	—	0.005. à 0.0012
SO⁴ Ni.......	0.028	0.000.6
SO⁴ Co.......	—	0.001.2
NO³ Li.......	—	0.001.4
Na Fl........	0.042	0.000.3
As O⁴ K²....	—	0.001.

En résumé les doses favorisantes varient entre 0.1 et 5.0 milligrammes par litre. Pour le Bore, d'après MIQUEL (1892), la dose maximale est 0.1 gramme par litre, l'arséniate pour les Diatomées 0.05 par litre. On consultera pour les indications bibliographiques RICHTER (1911).

MAZÉ (1914) signale parmi les éléments nécessaires au maïs, le manganèse, Si, Fl et Zn. Au milieu qu'il utilisa antérieurement, il fut amené, pour obtenir le développement complet du maïs jusqu'à la formation de graines, à ajouter des doses infimes de sulfate d'Al, de Borate de Na, de Na Fl et d'iodure de K. L'arséniate de Na s'est montré nuisible à la dose de 1 pour 500.000.

Voici les doses optimales qu'il préconise :

Sulfate d'alumine....	1 p. 100.000	soit 0,010 p. 1000
Borate de soude.....	1 p. 250.000	soit 0,004 p. 1000
Fluorure de soude....	1 p. 500.000	soit 0,002 p. 1000
Iodure de potasse....	1 p. 500.000	soit 0,002 p. 1000

Ces doses favorisantes sont comparables à celles données par ONO.

D'après MAZÉ (1927) la privation de Mn entraîne pour les plantes en même temps qu'un ralentissement de la croissance l'apparition d'une chlorose très nette. Si on pose sur les feuilles chlorotiques une solution très étendue de Mn à 1 p. 20.000, on n'observe pas de réaction. Au contraire, si on y met une goutte de suc de maïs ou même d'exsudat nocturne du maïs, on observe, après un jour ou deux d'exposition au soleil, une forte production de chlorophylle. Le Mn est assimilable seulement sous forme de composé organique ; les solutions purement minérales de ce sel ne peuvent agir que si la plante a une réserve suffisante de substance organominérale. Il est à remarquer que dans certaines conditions expérimentales, une disette minérale peut être provoquée chez les végétaux. On peut la combattre par l'apport d'un supplément de l'élément inorganique approprié. On sait d'ailleurs que G. BERTRAND a montré que Mn est l'élément actif des oxydases et que d'autres éléments jouent le rôle de codiastases, ainsi le Ca est la codiastase de la trypsine (DEDZENNE) et PO² O⁵ est le complément de la zymase (HARDEN). MAZÉ, dans ses conclusions, écrit : « Il n'est pas exagéré de dire que les « éléments minéraux régissent les fonctions de l'organisme. La dé-« termination des éléments minéraux nécessaires à la vie d'une « espèce présente donc une importance considérable ». Cette assimilation des éléments minéraux se fait par l'intermédiaire indispensable de composés organominéraux, qui jouent, chez les végétaux, un rôle identique à celui des vitamines pour les animaux.

Nous voilà bien loin des solutions nutritives purement minérales. Déjà en 1904, MAZÉ et PERRIER avançaient que la théorie minérale de Liebig est trop absolue. D'après cette théorie, la plante tire tout son carbone de l'acide carbonique, son azote et ses cendres des substances minérales du sol. Après des recherches longues et ardues, MAZÉ (1927) avance que le développement des microbes en milieu purement minéral additionné d'un aliment ternaire est théoriquement impossible. Si l'on n'introduit que quelques germes dans un volume de solution suffisamment grand, le mécanisme des échanges provoque chez ces germes l'élimination de quelques composés organominéraux dont la perte arrête l'évolution de la culture.

Nous rappellons à ce propos la question du bios de WILDIERS (1901) qui a fort intrigué les chercheurs. WILDIERS avait montré que si l'on ensemence des traces de Levure en liquide purement minéral, on n'obtient pas de multiplication. Celle-ci devient abondante si l'on ajoute au milieu inorganique de Wildiers un peu de bios, c'est-à-dire des traces d'extrait de Levures. Il y a là un exemple typique des phénomènes que MAZÉ a mis en évidence. On peut se demander s'il n'en est pas de même pour la culture des Algues. En effet, sauf pour les espèces robustes, il est extrêmement difficile d'obtenir la réussite de repiquage de certaines Algues qui se sont développées en milieux gélosés par exemple. Il est possible que le manque de composés organominéraux soit une des causes des échecs constatés. L'expérience est tout indiquée pour solutionner ce problème. D'ailleurs on sait déjà que MIQUEL (1890-1892) attribuait une grande importance à l'adjonction aux éléments minéraux, destinés à la culture des Diatomées, de traces infimes de matière organique provenant de la décoction du son et d'autres débris organiques imputrescibles. C'est vraisemblablement aussi à la présence des matières organiques que l'on doit attribuer l'action nettement favorisante qu'exerce l'eau d'étangs comparativement à des liquides minéraux purs pour la culture de *Lemna* suivant les expérience de BOTTOMLEY (1920). Il suffit de 2 pour 10.000 en matières organiques pour avoir des développements remarquables.

RAPPORTS ENTRE DIVERS ÉLÉMENTS. — MILIEUX BALANCÉS

Il y a déjà longtemps qu'OSTERHOUT (1907 à 1908) attira l'attention des physiologistes sur les solutions balancées et le rôle du sodium pour protéger contre l'action des sels. Le strontium protège contre l'action toxique des sels magnésiens. L'adjonction d'un peu de chlorure de Baryum protège contre l'action toxique du NaCl ou du KCl (1 centimètre de sel de Baryum 5/100 M pour 100 cc de 5M/100 NaCl ou de KCl). Dans les solutions diluées cette action est moins nécessaire. Le calcium, considéré comme un élément non alimentaire, joue aussi un rôle protecteur.

LOEB (1908) distingue les substances nutritives proprement dites et les substances protectrices. C'est ainsi que dans une solution à 9 ou 10 p. 1000 de NaCl, le mélange de 100 molécules de NaCl avec 2 de KCl et 2 de CaCl² a des propriétés protectrices pour le protoplasme animal. LOEW (1908) note que la solution nutritive de KNOP serait balancée et complète. Nous avons vu que le milieu de LWOFF (1925), de même que celui de BOECK et DRBOLOW (1925) rentrent dans la catégorie de milieux balancés protecteurs, parmi lesquels se range le liquide de RINGER, appliqué par SPEK (1921) à *Actinosphærium*.

HANSTEEN (1910) étudiant la même question pour les Phanérogames donne pour K/Ca le rapport 19.5 ; K/Mg $= 40$; K/Na $= 170$; Mg/Ca $= 0.6$ à 1.22. La chaux est l'antidote de K et Mg. Cette action protectrice pour les racines se manifeste pour les sels en solutions extérieures, la quantité de Ca, etc., se trouvant dans les tissus n'a pas d'influence.

RICHTER (1911) a donné un court exposé de la question et conclut à la nécessité d'équilibrer les éléments dans les solutions nutritives. Ce qui est d'ailleurs plus facile à dire qu'à réaliser.

Dans notre thèse, KUFFERATH (1913), nous avons signalé l'action favorable de la chaux pour les cultures d'Algues, action attribuable à l'action protectrice de cet élément. JACOBSEN (1913) expérimente avec *Hœmatococcus pluvialis* et montre que $CaCl^2$ qui a une action toxique à 0,02 p. 100 est néanmoins utile si on lui adjoint PO^4K^2H à 0,05 p. 100. JACOBSEN a fait de nombreuses combinaisons de sels et trouve expérimentalement que toutes ne sont pas favorables. La question serait certainement à réétudier.

PEARSALL (1923) signale que les Diatomées abondent dans les eaux douces relativement riches en nitrates et en silice et dont le rapport des sels alcalins (K + Na) aux alcalinoterreux (Ca + Mg) est petit, inférieur à 1.5. Les hautes eaux riches en nitrates et silice sont favorables aux Diatomées.

TOPALI (1923) applique aux Algues la méthode d'OSTERHOUT pour la mesure de l'assimilation photosynthétique et établit l'alcalinité des liquides de culture par évaluation du pH à la phénolphtaléine. Dans les mélanges de deux sels la combinaison la plus favorable pour la photosynthèse est celle de PO^4K^2H à 0.1 % + SO^4Na^2 à 0.4 %. Par contre, si l'on utilise PO^4Na^2H, on ne constate pas de photosynthèse. D'après TOPALI l'I ou Na uni à P^2O^5 arrête la photosynthèse.

Dans des expériences sur *Avena*, PHILIPSON (1924) montre que si on ajoute à un milieu renfermant PO^4K^2H, SO^4Mg, NO^3K et Fe^2Cl^6 ou $CaCl^2$ et du NaCl, on obtient les meilleurs résultats lorsque 90 Na correspondent à 10 de Ca, l'addition du mélange $CaCl^2$ au Na Cl diminue la toxicité de chacun des éléments.

TRABUT (1927) indique que SO^4Ca est l'antidote de NaCl, $MgCl^2$ et Co^3Na^2; en présence de plâtre la concentration nuisible des sels tolérée par les racines des Phanérogames est accrue dans de fortes proportions. Cet accroissement de tolérance est de 400 fois pour SO^4Mg, 80 fois pour $MgCl^2$, 6 fois pour $CO^3 Na^2$, 66 fois pour SO^4Na^2 et 10 fois pour NaCl.

ANDRÉ et DEMOUSSY (1927) ont montré que le rapport K sur Na est plus grand pendant les périodes d'activité végétale qu'aux temps où la végétation se ralentit, ce rapport pour les pousses de l'année est de 18 pour *Tamarix*, de 13.7 à l'intérieur des betteraves et de 174.5 dans les feuilles de Marronniers d'Inde.

CARPRIAU (1926) a étudié l'influence des sels sur le pH des moûts dans la fabrication de la bière. A 50 cc de moût on ajoute 2 cc de solution N/10 de $AlCl^3$, $CaCl^2$, CO^3Na^2, $CO^3 NaH$ ou de solution saturée de SO^4Ca et $(CO^3H)^2$ Ca. Les sels d'Al sont acidifiants, tandis que $CaCl^2$, SO^4Ca et SO^4Mg donnent une légère acidification s'arrêtant à pH = 5,7.

Si l'on fait des mélanges de sels peu acidifiants, tels que $CaCl^2$ avec des alcalinisants (CO^3Na^2 ou SO^3NaH) l'action alcalinisante est fort paralysée, c'est-à-dire que le $CaCl^2$ permet de corriger l'alcalinité due aux carbonates. D'autre part, $CaCl^2$ et SO^4Mg agissent dans le moût comme sels tampons contre toute augmentation d'alcalinité. En résumé $CaCl^2$, SO^4Mg et SO^4Ca favorisent l'acidification des moûts et entravent par des actions variées l'action des éléments alcalins.

Rappelons aussi les très intéressantes expériences de DALCQ (1924) sur les phénomènes d'activation des œufs d'étoile de mer, dont il a montré la détermination chimique. Pour ces phénomènes, $CaCl^2$ doit toujours être présent pour l'entrée en maturation et la dépolarisation des œufs. Mais ce chlorure n'est nullement à lui seul suffisant pour provoquer l'activation. Celle-ci dépend tout autant des cations associées au Ca. On prépare des solutions isotoniques ou légèrement hypotoniques à l'eau de mer. $CaCl^2$ doit représenter 60 à 80 p. 100 des sels du mélange (NaCl, KCl et $MgCl^2$). Toutes les solution reçoivent 7 cc de $CaCl^2$.

Si l'on ajoute 3 cc de NaCl, on observe de la lobulation des œufs, ils présentent des contours lobés et de l'autotomie (séparation de l'œuf en deux segments dont l'un renferme le noyau et l'autre est anucléé).

Si l'on ajoute 3 cc de $MgCl^2$, on a multiplication des noyaux, caryocinèse active.

Si l'on ajoute 3 cc de KCl, on constate une stabilité des phénomènes, les œufs restent arrondis, sans modification apparente.

Par contre si à $CaCl^2$ 7 cc et KCl 1 cc, on ajoute les autres sels, on observe pour NaCl que la lobulation est tempérée, et pour $MgCl^2$ que la caryocinèse devient plus calme. Le potassium associé au Na ou au Mg en tempère les effets. L'association du potassium aux sels de Na et à celui de Mg amène dans la cellule une action modérée permettant à chacun des éléments de jouer son rôle modificateur tout en étant tempéré dans son action. En conséquence, on peut réaliser, d'après Dalcq, de façon absolument certaine l'activation des œufs et en régler le cours à volonté.

Pour les phénomènes observés, Dalcq indique que s'il est vrai que le rapport Ca/K a, toutes choses égales par ailleurs, une grande importance, on ne peut dédaigner, ni sous-estimer la valeur des rapports Ca/Na, Ca/Mg, Na/K, Mg/K. P. Mendeleef (1924) a montré que l'abaissement du pH et l'abaissement du rapport K/Ca dans les cultures de tissus embryonnaires permettent de constater une prolifération cellulaire. Au contraire l'augmentation du rapport K/Ca est nettement nocif. Généralement le plasma de cobaye a un pH = 7.6 ; dans un plasma les tissus embryonnaires ne prolifèrent pas. Mais si l'on introduit ces tissus dans un plasma de pH = 5.8 à 6.0 (plasma pathologique ou modifié expérimentalement) on constate que les cellules des tissus embryonnaires se divisent abondamment. Or, dans un tel plasma, il y a 0.665 mgr. de calcium et 0.383 de potassium, soit un rapport de K/Ca = 0.57. Le placenta d'embryon de cobaye renfermant : calcium, 0.620 % et potassium, 0.225 %, soit K/Ca = 0.519, constituait un milieu extrêmement favorable pour la croissance rapide des cellules embryonnaires. Par contre, quand on avait Ca : 0.1573 % et K : 0.6117 %, soit K/Ca = 3.88, les tissus ne montraient qu'une faible croissance. Quand le rapport K/Ca était de 4.28 et de 10.49, on ne constata pas de croissance cellulaire. Suivant les proportions de K par rapport au Ca, on peut donc obtenir une prolifération ou un arrêt du développement mitotique des cellules.

A ces études, nous pouvons rattacher les expériences de Vischer (1926, 1927) sur l'action des électrolytes dans la détermination de la forme et de l'aggrégation des cellules de diverses Algues. Vischer a trouvé qu'il y a une certaine analogie entre les séries de Hofmeister et l'action des électrolytes sur la membrane de diverses Algues. On sait que Holmeister a classé divers anions et cations suivant leur pouvoir de gonfler la gélatine. Ainsi :

Anions $SO_4 <$ citrate $<$ acétate $<$ Cl $<$ $NO_3 <$ SCN
Cations Li, Na $<$ K, $NH_4 <$ Ca.

Vischer retrouve de telles séries chez les Algues (notamment chez *Pseudoendoclonium basiliense, Cœlastrum proboscideum*, etc.) soumises en culture pure à des doses d'électrolytes à 1/25 à 1/50 M.

Certains éléments provoquent une désarticulation des cellules, conséquence de la gélification de la couche externe (pectosique) de la membrane. Cette désarticulation est accélérée par certains ions et sucres et retardée par d'autres ou par un substratum (gélose) retenant l'eau. Vischer s'attache longuement à fixer les conditions à remplir pour la réalisation de ces phénomènes. Il est très curieux de noter que l'on parvient ainsi à être maître de déterminer, dans les conditions expérimentales très strictes, la forme de cellules végétales. Nous savons déjà, par les expériences de Dalcq (1926), que les phénomènes nucléaires animant et l'activation des œufs peuvent être guidés par des moyens purement chimiques ou physiochimiques si l'on préfère.

L'influence de certains ions, par exemple Ca, est signalée par Prat (1927) pour la répartition de certaines Algues (*Vaucheria, Chœtophora, Chantransia*); parallèlement à la présence où à la disparition du calcium, on observe des modifications du pH des eaux.

On commence à entrevoir la complexité de certains phénomènes biologiques, à la lecture de notes comme celles d'Ambard et Schmidt (1928) qui rappellent que la solubilité du glycocolle est augmentée par CaCl² et diminuée par KCl. Pour les albumines combinées à l'acide chlorhydrique, l'addition de CaCl² provoque la formation de CO³Ca peu soluble, finalement l'albumine s'enrichit en HCl.

Prenant (1927) montre que chez les êtres vivants, le facteur essentiel de la stabilisation du calcium amorphe est le rapport P² O⁵/CO² et que la valeur de 0.105 de ce rapport constitue la valeur critique au-dessus de laquelle le calcaire amorphe est stable. Le calcium mêlé à CO³ Mg et surtout le phosphate tricalcique précipité est très stable. Il cristallise difficilement.

On trouvera d'ailleurs dans les travaux de Vischer (1926, 1927) d'autres exemples de l'action remarquable des éléments minéraux sur les réactions cellulaires.

Les quelques expériences que nous venons de signaler, dont quelques-unes ont été exécutées avec les Algues, montrent que, dans beaucoup de cas, les rapports entre les éléments mis à la disposition des cellules, jouent un rôle bien autrement important que la présence même de ces éléments (comme aliments). On ne peut dans l'état actuel de nos connaissances, tirer de conclusion générale de ces phénomènes. Il n'en est pas moins prouvé qu'ils ont été mis en valeur et qu'il y a lieu de poursuivre leur étude, qui sera, certes, une matière intéressante de recherches. On voit aussi par ces expériences que les éléments que l'on fait intervenir dans les milieux nourriciers, s'ils jouent un rôle au point de vue nutritif, peuvent aussi avoir d'autres actions essentielles, soit en activant, soit en retardant les phénomènes végétatifs de la division. Nourrir une cellule qui ne peut se diviser, aboutit à la formation de cellules anormales, phénoménales. C'est probablement à de telles actions qu'il faut attribuer dans les cultures d'Algues la formation de cellules énormes, considérées comme pathologiques. Leur production indique que les milieux ne remplissent pas les conditions nécessaires pour une multiplication normale. Des expériences inspirées de la technique suivie par DALCQ seraient instructives et devraient être instituées en les appuyant sur des analyses des milieux de culture. On ne connaît, en effet, généralement pas les modifications profondes qui résultent de la vie d'un organisme dans un milieu limité. Nous verrons pourtant plus loin que quelques indications existent à ce sujet. Mais elles sont loin d'être systématiquement étudiées. Le plus souvent les chercheurs ne s'inquiètent (et encore !) que du produit de départ des cultures. S'il existe des travaux montrant les modifications des milieux de culture, ils se rapportent principalement à des buts utilitaires, aux transformations des moûts au cours du travail des Levures et de certaines Bactéries. Mais, en général, ces recherches ne visent guère les éléments biogéniques ou nécessaires à la vitalité. Il serait très intéressant de connaître la répartition des éléments au cours d'une culture d'Algues, par exemple la disparition des nitrates ou de l'ammoniaque des sels, ce que deviennent les sulfates, les chlorures, les éléments tels que K, Ca, Mg. Il est bien connu qu'il y a des éléments acidifiant, d'autres alcalinisant les milieux de culture ; on a constaté que le pH des milieux de culture tend vers un équilibre et que si, par exemple, on ensemence des Chlorelles dans un milieu légèrement acide ou légèrement alcalin, on constate au bout d'un certain temps que, quelle que soit la réaction du milieu initial, on tend toujours vers une réaction très bien fixée, qui est la réaction optimale permettant dès l'origine une bonne culture florissante.

LA RÉACTION DES MILIEUX DE CULTURES
SUBSTANCES TAMPON

Il n'entre pas dans notre but d'indiquer ici les techniques de détermination du pH pour lesquels on consultera la littérature spéciale, d'ailleurs très abondante, depuis les recherches fondamentales de SÖRENSEN, MICHAELIS, CLARK et LUBS, etc... Nous ne désirons pas plus donner une étude complète et détaillée de cette question. Il nous suffira, en rappelant quelques faits choisis, d'attirer l'attention sur des phénomènes que l'on ne peut ignorer pour l'établissement des milieux de culture pour Algues.

Avant d'étudier ces milieux, il convient de regarder autour de soi et de s'informer de l'importance du pH dans la nature, dans le sol et dans les eaux. On sait qu'à ce sujet, il existe un mouvement scientifique très intense. La question est loin d'être résolue. On a non seulement déterminé le pH du sol et des eaux, mais on est occupé à étudier son origine et ses modifications ; les recherches agronomiques sont hautement intéressées à ces questions.

Ce qu'il nous importe de savoir, c'est dans quelles conditions de réaction se trouvent les sols et eaux, milieux naturels pour un grand nombre d'Algues. On est assez bien renseigné sur ce point.

Depuis bien longtemps les agronomes, les botanistes, connaissant l'existence de terrains acides et de terrains calcaires, ont établi que ces caractères correspondent à des entités botaniques et culturales très bien déterminées. On connaît les remèdes apportés par l'expérience à la modification de la nature réactionnelle du sol arable. Ce n'est vraiment que depuis la connaissance du pH que l'on a pu pénétrer d'une façon plus approfondie dans l'étude de ces phénomènes et qu'indépendamment de toutes autres conditions que l'on a pu mesurer la réaction des sols.

Un premier fait très curieux, c'est que les divers sols conservent un pH très fixe dans les conditions naturelles, de telle sorte que chaque savant dans chaque pays a pu donner un classement des sols caractérisés par leur réaction.

OLSEN et LINDERSTROEM (1923) en suivant les méthodes de SÖERENSEN, celles de CLARK et LUBS, ont étudié la réaction des filtrats de 93 terres prélevées au Danemark. Les pH observés déterminés par colorimétrie vont de 3.4 et 3.6 à 7.5 et 8.0. Autrement dit, les divers sols : terre de bruyère, terres cultivées, forêts, argiles, sols amendés par du calcaire présentent des variations énormes du pH.

F. CHODAT (1924) a publié un travail au sujet de la concentration en ions H du sol en rapport avec la botanique. Il constate, en Suisse lui aussi, que le pH varie de 4.5 à 7.5, rarement 8. Il donne les indications suivantes :

Association de *Pinus, Calluna, Sphagnum.*   pH = 4 à 4.5.
Bruyères ....   pH au-dessous de 6.
Prairies grasses......................   pH = 6 à 7.
Roseaux, formations littorales..........   réaction alcaline plus de 7.

Au lieu des notions qualitatives de calcifugie et de calciphilie, F. CHODAT propose d'employer celle d'amplitude d'accomodation à la réaction sur sol, ce qu'il appelle amplitude du pH , qui ne préjuge pas de l'appétence ou de l'intolérance pour un cation donné, par exemple pour Ca. On dira ainsi que *Eupteris aquilina* a une amplitude de pH = 5.5 à 7.6, c'est-à-dire que l'on n'a pas rencontré cette plante dans des terrains dont la réaction soit en dehors de ces limites d'amplitude.

CHODAT signale que contrairement à l'opinion fréquente, les régions marécageuses ne sont pas nécessairement à climax acide. Les Phragmitetum, Scirpetum appartiennent au groupe des formations vivant en milieu alcalin. D'autre part, des endroits très rapprochés les uns des autres présentent des pH très différents et les mêmes valeurs pH peuvent caractériser des sols avec des associations très variées. FROMAGEOT (1928) différence de pH 5 à 7.3 en des points très voisins de sol de pâturage, ce qui est considérable. Le pH varierait également en profondeur, passant de 6.7 à 6.1 entre 4 et 18 centimètres pour des sols de pâturage. Ce sont là de grandes différences qui n'indiquent pas toujours les moyennes données pour la mesure du pH des sols.

Quelques analyses de l'acidité de sols russes ont été publiées par GLINKA (1925). Il trouva que la réaction acide est la plus forte dans les couches supérieures du sol. Dans les sols tourbeux (tourbières infra-aquatiques) le pH est le plus souvent de 5.5 à 5.6. Dans les sols podzoliques, le maximum d'acidité est fourni par les échantillons prélevés dans les forêts : pH = 4.5, rarement 3.8. Enfin les sols arables ont une acidité plus faible allant de 5.5-5.8 à 6.0 et 6.2.

Dans les sols à bruyères, ALLORGE (1926 a) trouva les valeurs suivantes :

Tetralicetum sphagnosum.................... pH 4. à 4.3
Coussinets de *Sphagnum compactum*........ 4.3 à 4.4
Bombements lâches de *Sph. cymbifolium*.... 4.5 à 4.6
Caricetum Goodenoughii..................... 4.8
Rhynchosporetum + Micrasterietum.... .... 4.9 à 5.2
Potamogeton polygonifolius et Helodes pa-
    lustris + Micrasterietum............... 5.5 à 5.7
Ruisselet à Myosotis palustris............. 5.8 à 6.0

Ces divers milieux ont chacun une flore particulière, la délimitation des groupemnts de la flore correspond pour les stations étudiées à la répartition de l'acidité. En conclusion, ALLORGE tout en appréciant la valeur de la concentration en ions H pour la répartition des organismes ajoute pourtant que ce n'est qu'*un* des facteurs écologiques dont l'ensemble constitue la Station. On ne peut mieux dire.

Signalons comme fait intéressant que LIPMANN (1926) a constaté que la flore bactériologique des terrains magnésiens, qui ont un pH élevé, est très pauvre, maigre ou même nulle. Ces sols n'agissent pas défavorablement vu leur teneur en Mg mais bien plutôt parce qu'ils manquent en ions nitriques et phosphoriques. Ces sols se caractérisent aussi par l'absence de microbes nitrificateurs.

MALYCHEF (1927) étudia en Tunisie (N-W) des sols podzoliques, acides, pauvres en sels solubles et riches en oxydes de fer hydraté fixés dans les niveaux inférieurs du sol où ils forment des concrétions. L'humus de ces sols est acide, le pH est de 5.5 à 6 à la surface pour les sols sur grès et de 5 à 5.5 dans les sols argileux. On peut comparer ces sols à ceux des sables campiniens et des bruyères de Bihain du district subalpin dont MASSART (1910, page 13) a donné quelques analyses très complètes d'après les monographies agricoles de Belgique.

PALLADINE (1902, p. 64)) a donné des analyses de quelques terres noires et marécageuses de Russie, caractérisées par leur richesse en matières humiques et très pauvres en sels.

Ce que l'on connaît moins bien, c'est la composition des eaux qui circulent dans le sol et l'imprègnent. Certainement, là doivent se passer des phénomènes d'ordre physiologique dont on ne peut se rendre compte d'après les analyses des eaux de source. Pour les

Algues toutefois ces eaux des sols sont en général moins intéressantes que les eaux de surface. Il y a d'ailleurs dans les eaux souterraines des phénomènes de mouvements tout à fait curieux. TAMM (1925) signale la détermination de l'oxygène dans l'eau pour distinguer les eaux de moraines des eaux de marais. PRAT (1927) a montré par l'examen du pH d'eau de source des variations très curieuses se manisfestant déjà à quelques mètres de la sortie de l'eau. Ainsi on passe de pH 7.0 à 7.4 à des pH de 7.8 à 8.3 à quelques mètres de la source. Les eaux minérales très riches en CO_2 ont un pH de 5.5-6.0. Après leur sortie le pH remonte à 7.0-7.8 jusque 8 et 8.2. Des incrustations calcaires peuvent résulter de ces modifications de l'eau.

Jusqu'en ces derniers temps, on connaissait peu de chose sur l'action des éléments constitutifs des sols. Il résulte de travaux de PIEU (1927), BRIOUX et PIEU (1927), DEMOLON et GEORGE (1925), DEMOLON (1926 a, b), DEMOLON et BARBIER (1927), DUMONT et GANOSSIS (1927), GANOSSIS (1928), DEMOLON et BURGEVIN (1928) et d'autres, que l'argile, l'humus et les colloïdes du sol jouent un rôle important dans la détermination de l'acidité du sol et dans son maintien. C'est ainsi que si l'on ajoute à une terre présentant une certaine acidité naturelle, de la chaux ou un acide fort ($SO_4 H_2$), on constate que le pH tend d'abord vers la neutralité, puis, au bout de quelques mois, l'acidité originelle se reforme et cela bien que toute la chaux ou l'acide n'aient pas agi complètement.

Comme on le savait déjà, l'addition de calcaire mobilise des éléments solubles dans le sol, le potassium est du nombre. DUBRINOY et BRAVORD (1927), en ajoutant du sable, de l'argile, du kaolin à des mélange de carbonate de chaux et de chlorure d'ammoniaque ont montré qu'il se produit des déplacements d'équilibres chimiques avec accroissement de la chaux solubilisée. D'aure part, DUBRISAY et DESBROUSSES (1927), en faisant agir sur des phosphates insolubles, en présence d'argile ou de silice des carbonates, constatent la mise en liberté d'acide phosphorique soluble. Il est clair que l'étude des phénomènes qui se passent dans le sol n'est qu'à son début, le peu qu'on en sait montre les surprises qu'il faut en attendre. Mais, il est incontestable que l'on ne peut plus considérer les éléments du sol, que l'on se représentait volontiers autrefois comme un support inerte, comme des éléments indifférents. Le rôle de tampon que jouent la silice, l'argile indique bien que dans les cultures d'Algues où l'on fait intervenir des matières colloidales terreuses, on ne peut pas se contenter de ne considérer que les éléments solubles ajoutés aux liquides. Des expériences comme celles de ESMARCH (1911, 1914) avec des Cyanophycées, de BRISTOL (1920) pour diverses Algues, de MOORE et KARRER (1919), MOORE et CARTER (1926), où ces auteurs employèrent de la terre comme élément adjoint aux liquides nutritifs remplissent des conditions de culture très différentes de celles qui sont réalisées dans les liqueurs nourricières simplement aqueuses.

L'étude des eaux de surface est mieux connue que celles du sol et des eaux profondes. Depuis bien longtemps les botanistes ont constaté que la flore des eaux est loin d'être homogène et la même en tous lieux. On a tout naturellement été amené à établir des rapports entre la composition chimique des eaux et la répartition des organismes qui les peuplent. Dans ces derniers temps, on a surtout attribué un grand rôle à la concentration en ions H. C'est peut-être un excès ou un sacrifice au mouvement scientifique actuel.

On sait que le pH a joué un rôle important en bactériologie, que l'on a pu établir, que pour réussir la culture de certains microbes, il fallait notamment ajuster la réaction des milieux à un taux bien déterminé. La notion de l'amplitude du pH qui est vraie pour les microbes, l'est certainement pour les Algues. Ce n'est évidemment par le seul facteur en jeu.

En Belgique, des analyses d'eau très complètes ont été publiées par J. SCHOUTEDEN (1910), à propos de l'étude de la flore algologique de la région littorale. On en trouvera d'autres dans les éléments de Biologie générale et de Botanique de MASSART (1923, p. 219). Si l'on ne tient pas compte du Na Cl, élément très variable en quantité, on trouve que le résidu solide total dichloruré varie entre 0.221 et 1.584 gr. par litre, représentant les sels ammoniacaux, nitriques et nitreux, la potasse, la chaux, la magnésie, le fer, les phosphates, sulfates, silice et matières organiques.

On trouvera dans STEUER (1910) les analyses d'eaux de lacs suisses notamment d'après FOREL. L'eau du lac de Genève renferme, sans NaCl d'ailleurs très peu abondant (1.8 mg. par litre), une quantité de sels de 172.3 milligr. par litre, dont 139 mgr. formés par des sels de Ca et un peu de Mg. Les eaux de divers lacs et fleuves donnent des chiffres compris dans les limites que nous avons indiquées.

On voit que comparativement aux milieux de cultures pour Algues, la concentration saline des eaux naturelles est bien faible.

12

Il est vrai, comme le fait remarquer Massart, que l'extrême dilution du liquide nourricier est rachetée par sa quantité, pratiquement indéfinie. Ce cas existe pour les eaux marines, mais faisons remarquer que ces eaux, même en ne tenant pas compte du NaCl, du Ca et du Mg, sont d'une richesse saline beaucoup plus élevée que les eaux douces, et aussi plus variée. On y a, en effet, trouvé, d'après Steuer (1910), 32 éléments.

Le temps n'est plus où les botanistes algologues se bornaient à donner la liste de trouvailles intéressantes, mentionnant à peine la date et la localité. La confection des listes d'Algues deviendrait une besogne bien fastidieuse et inutile si elle est privée d'indications assez complètes sur les stations étudiées. Il faut au moins, si la complexité des renseignements à récolter devient trop grande pour un seul chercheur, que la description des lieux soit assez précise pour permettre à d'autres naturalistes de parfaire la besogne. Les indications chimiques, physiques et géologiques sur les localités visitées sont insuffisantes ; autant que faire se peut, on signalera en même temps les associations végétales phanérogamiques, les Mousses et Cryptogames vasculaires garnissant les lieux. De plus, on ne se bornera pas à la description des espèces rares et curieuses, mais il convient de signaler tous les organismes peuplant les stations. Souvent les listes complètes d'Algues présenteront pour les spécialistes plus d'intérêt pour fixer la caractère des eaux. Bien que cette étude de phytosociologie n'en soit qu'à ses débuts, l'intérêt qu'elle présente pour les biologistes est énorme. Nous avons dès nos premières études algologiques (1914) tâché de nous conformer à ces desiderata. Denis (1925-1926) en a fait ressortir l'utilité pour l'avancement des études de sociologie botanique.

Actuellement, on trouve dans beaucoup de travaux algologiques des notions sur les conditions générales et particulières des eaux. On ne peut que s'en féliciter. Aux notions déjà anciennes de composition chimique, nous trouvons maintenant très souvent celle du pH des eaux naturelles.

En Suisse, Messikommer (1927) a publié une thèse très complète sur la flore des marais de Robenhausen et du Pföffikersee. Voici quelques indications sur la concentration en ions H des eaux qu'il étudia :

Diatometum	pH 7.5	alcalinité 24°
Fragillarieto crotonensis - Asterionelletum gracillimae	7.6	18°
Fragillarieto-Achnanthidietum	6.8-7.7 parfois moins de 7	9° à 25°5 souvent 9° à 25°5
Closterieto lineati-Pinnularietum-Stauropterae	6.8	5° à 10°
Micrasterieto truncatae-Frutulietum saxonicae	5.9-6.4	3°
Eunotietum exiguae....................	4.5-6.6	2°5 à 3°
généralement	5.-6	
Lac Pföffikersee........................	7.65	17°
Etang Kleiner See.....................	7.6	21°5
Mares de tourbières........ Mare I	6.9	5°
Mare II....	7.45	16°

On voit immédiatement que dans des localités tout proches les unes des autres des différences extrêmement marquées existent au point vue de la réaction des eaux. Elles se traduisent d'ailleurs par une flore bien caractérisée.

PEARSALL (1924), étudiant les eaux de lacs rocheux et de lacs à eaux renfermant des matières en suspension (silted lakes) d'Angleterre, constate que les premières sont pauvres en chaux (1.4 à 3 milligr. par litre), riches en K et Na ; elles renferment des Algues à hydrates de carbone. Ce sont plus spécialement des lacs à Desmidiées. Les autres sont mieux caractérisées par les Diatomées et des organismes formant de la graisse ; elles sont plus riches en chaux (3.5 à 7.1 miligr. par litre), en carbonates et silice que les eaux des lacs rocheux. Pourtant dans l'une et l'autre des eaux de ces lacs à caractères très différents le pH est semblable de 7.2 à 7.6, aussi PEARSALL estime-t-il que la concentration en ions H n'a pas de rôle prépondérant pour le plancton des Desmidiées, comme certains le pensent.

GAUTHIER-LIÈVRE (1925), étudiant des eaux algériennes, note que les mares où l'on trouve surtout des Desmidiées filamenteuses et typiques ont un pH inférieur à 7. Par contre, les eaux donnant un pH de 7.4 et 7.8 ont une flore très pauvre sans Desmidiées filamenteuses avec quelques *Cladophora* et tout au plus quelques

Cosmarium botrytis, Desmidiée cosmopolite et ubiquiste. Nous-même avons signalé, en comparant la flore de diverses localités du Luxembourg (1914 a, b, c, d) où l'on trouve des eaux calcaires et d'autres eaux dépourvues de chaux, le fait connu de la répartition des Desmidiées abondantes dans les eaux très pures; de plus dans les eaux calcaires, si l'on y trouve des Desmidiées, ce sont tout au plus quelques *Cosmarium* et *Closterium,* mais jamais les genres typiques.

Moore et Carter (1923) ont fait une longue étude des espèces planctoniques de lacs américains du North-Dakota. En ce qui concerne les Desmidiées, ils trouvent dans les eaux alcalines 1 espèce : *Closterium Dianæ* var. *arcuatum,* contre 12 espèces : *Staurastrum, Arthrodesmus, Closterium* et *Cosmarium* dans les eaux moins alcalines (freshwater). 8 espèces, surtout *Closterium* et *Cosmarium* sont communes aux deux sortes de milieux. Les Oscillariacées ont une toute autre répartition : on en trouve, en effet, 16 dans les eaux alcalines pour 1 dans les autres eaux, 1 espèce étant commune.

Ulehla (1923) distingue dans les Algues un groupe acidophobe, supportant une concentration optimale de pH 7.5 è 7.7. Dans ce groupe il cite *Cladophora, Enteromorpha, Chætomorpha,* des Siphonocladiales, *Oedogonium.* Il leur oppose le groupe des alcaliphobes comprenant surtout les Desmidiées et demandant un pH inférieur à 6.8. Le tamponnement de l'eau est déterminé par les carbonates, éventuellement par le fer. La présence de certaines Algues sur les pierres calcaires, les coquillages s'explique parce que ces objets déterminent des pH localisés.

Uspenski (1929) trouve que les eaux où se développent les *Volvox* ont un pH de 7.3 à 7.6 en hiver et de 7.9 à 8.3 en été. D'après cet auteur russe le pH n'a pas grande influence pour les Volvox, de même la chaux est indifférente. Par contre la teneur en fer est active, la disparition du fer dans les eaux alcalines (pH supérieur à 8.8) est due à des précipitations. Les Volvox demandent un minimum de fer (0.501 milligr. par litre); dans les milieux de culture l'addition de citrate de soude tamponne (régularise) l'action du fer et permet de fournir des doses de 5 milligr. de fer (5 à 10 fois plus fortes).

Wehrle (1927) étudia la concentration en ions H en rapport avec la répartition des Algues. Il donne un classement que nous connaissons déjà pour le pH des eaux et cite, d'après la littérature, la répartition des espèces dans les intervalles de pH. Dans certaines limites de concentration H, on trouve régulièrement des groupes d'Algues faciles à reconnaître.

WEHRLE distingue :   pH

Eaux très acides (tourbières)..................   5.2 à 4.5
Eaux moyennement acides....................   5.0 à 7.0
Eaux à pH variable (détritus végtaux dans l'eau).   5.9 à 7.9
Eaux alcalines ....   7.0 à 8.2

La quantité des matières inorganiques dissoutes dans les eaux est plus ou moins parallèle au pH, les eaux acides en contiennent le moins. On trouve la plus grande abondance d'Algues dans les eaux moyennement acides ; par contre, les eaux fortement acides renferment le plus grand pourcentage d'espèces ; les eaux de moyenne concentration moins, il y en a le moins dans les eaux alcalines. Dans les eaux alcalines, la microflore est indépendante de la teneur en Ca.

GEMEINHARDT (1926) signale *Synedra acus* dans les eaux dures ; on ne trouve pas cette Diatomée en-dessous de pH = 7.0. KOLBE (1927), étudiant les Diatomées du Sperenberg, trouve dans ces eaux souvent riches en chaux des pH de 7.0 à 7.3. Il attribue à la salure des eaux une grande importance pour la répartition des Diatomées.

KNOKE (1924) signale que *Volvox aureus* ne prospère pas dans les eaux à réaction acide et vient bien dans des eaux dont le pH variait de 7.5 à 8.9 et jusque 9.5 La réaction alcaline est favorable à cette Algue.

DONAT (1926) pense qu'il doit y avoir des corrélations entre la composition chimique des eaux et leur teneur en Desmidiées. Les eaux qu'il analyse présentèrent des pH de 4.9 à 5.7 et de 6 à 6.1, des listes d'espèces accompagnant son travail.

Des quelques données que nous venons de réunir, il semble bien établi qu'il y ait des relations assez étroites entre la réaction des eaux naturelles et la flore qui les habite. La question est pourtant loin d'être élucidée. Certaines conclusions des auteurs paraissent trop absolues, en ce que certains savants veulent attribuer un rôle prépondérant à la concentration en ions H. En fait, on ne doit pas oublier que le pH est la résultante de toute une série de réactions

des plus variées pouvant résulter de phénomènes très différents.
Bien plus, il existe dans la nature des matières tamponnantes :
l'acide carbonique, des matières organiques, sans compter les argiles,
etc. Certaines expériences montrent que les Algues en culture ont
la propriété de modifier la réaction du milieu vers une valeur
moyenne de pH qui est la condition optimale pour leur développement. Les Algues peuvent donc à la fois subir les effets des concentrations en ïons H et déterminer une réaction donnée. Si l'on se
rappelle le fourmillement d'organismes qui constituent les fleurs
d'eau, on se rendra facilement compte que les organismes, les Algues
elles-mêmes peuvent jouer un rôle important dans les réactions
constatées dans la nature.

La notion du pH et de la réaction furent appliquées aux cultures.
Dès le début de l'algologie culturale, la réaction du milieu fut traitée
comme un point d'importance. Il semble superflu de dire que la
réaction acide ou alcaline déterminée par addition d'acides ou d'alcalis
forts ne donne aucun résultat. Les Algues sont des organismes trop
sensibles pour supporter ces corps, elles sont désorganisées et
périssent rapidement. Déjà les acides organiques caractérisés agissent
défavorablement.

L'attention des chercheurs se porta vers les sels à réaction acide
ou alcaline, la série des phosphates mono-, bi- et tribasiques est
bien connue et largement utilisée. Les sulfates neutres ont une
réaction acide bien tolérée. Parmi les substances alcalinisantes pour
les milieux certains auteurs utilisent la craie, qui neutralise les
liquides au fur et à mesure de sa désagrégation. Les carbonates
de soude et de potasse peuvent aussi être utilisés mais leur solubilité
ne permet de les employer qu'à petites doses.

Récemment DE ZINZA (1927), dans un travail dont nous n'avons
vu que le résumé, a indiqué des solutions nutritives à réaction
stable pendant la période de végétation. Il obtient des liquides ayant
des pH constants de 5, 3.8, 5.5 à 6.0 et une solution neutre. Mais
il emploie pour 1 ou 2 plantes cultivées une grande quantité de
liquide nutritif (vases de 5 litres), il utilise l'action tampon des
précipités de phosphates ainsi que l'acidité physiologique du nitrate
d'ammoniaque et l'acidité hydrolytique de $(SO^4)^2Fe^2$. Ce sont évidemment là des indications intéressantes pour la culture des plantes
supérieures, dont les algologistes feront leur profit. On consultera
aussi le travail de JONES et SHIVES (1923) sur l'influence de l'action

du sulfate d'ammonium sur la croissance végétale en solutions
nutritives dans ses rapports avec le pH et l'utilisation du fer.

En résumé, si les premiers auteurs BEIJERINCK, MIQUEL utilisèrent
pour leurs cultures des milieux acides, c'est en grande partie dans
l'idée que l'acidité entrave le développement des bactéries, sans être
nuisible aux Algues. Il y avait aussi la constatation que les cultures
liquides nutritives alcalines se montraient moins favorables que les
solutions nutritives acides pour la croissance des Algues. Depuis lors
les idées se sont modifiées et nous voyons PRINGSHEIM (1927) préférer
des réactions neutres, des liquides nutritifs ; cette réaction, si elle
n'est pas la meilleure est du moins la moins nuisible, à son avis.
L'optimum pour les cultures est de pH = ·6 à 7.2 d'après le professeur de Prague. Par contre, O. RICHTER (1911) trouve qu'une faible
réaction alcaline est très utile pour la culture des Algues, cette opinion
prévaut dans certains milieux scientifiques.

En ce qui concerne la teneur en ions H des liquides nutritifs
pour Algues, nous n'avons jusqu'à présent qu'un petit nombre d'indications. Nous savons déjà que PRINGSHEIM préfère les milieux
neutres. USPENSKY (1925) fit avec *Volvox* une série d'expériences sur
le pH des milieux de culture. Il obtint en milieu acide de pH = 4.9
à 7.3 un bon développement. En solution alcaline pH = 7.9 à 8.2, on
observe la mort de *Volvox*, cette action défavorable est attribuée par
USPENSKY à la disparition du fer ; on l'évite en tamponnant le milieu
par le citrate de sodium, le pH est alors d'environ 6.7. Il y a aussi
avantage à diluer fortement le liquide de KNOP.

KNOKE (1924), avec *Volvox*, constate que le liquide de KNOP acide
produit la mort de cette Algue. Le liquide de VON DU CRONE (neutre,
ne lui est par propice. Au contraire la réaction alcaline du liquide
de BENECKE est favorable. Ces résultats ne cadrent pas fort avec
ceux d'USPENSKY.

SCHREIBER (1925) utilise pour *Eudorina, Pandorina* et *Gonium*
une modification du liquide de KNOP donnant un pH = 7.1, c'est-à-
dire neutre. Il pratique les cultures pour les isolements sur de la craie.

MORÉA (1927) expérimente avec divers infusoires ciliés, il trouve
un option de réaction pour *Colpoda cuculus* aux environs de pH = 7,
pour *Spirostomum* à 7.5 et pour *Paramœcium* entre 6.5 et 8.5. En
mettant *Paramœcium* dans des liquides de pH initial de 6 à 9.5,
MORÉA trouve, après 15 à 20 jours, que la concentration en ions H

a été ramenée par les cultures vers pH 7.5 à 8.5. Peut-être cette action est-elle due aux bactéries. Sicrakowsky (1924) a montré que les bactéries règlent le pH de manière à ce que celui-ci soit voisin de 7, qui est d'ailleurs le plus favorable à un abondant développement. Ce serait l'acide carbonique qui joue dans ces phénomènes le rôle principal comme acidifiant et à la production de matières alcalinisantes d'ailleurs inconnues jusqu'ici. La question de l'alcalinisation sous l'action des microbes des bouillons de culture était connue depuis longtemps et n'est pas encore bien claire.

Gemeinhardt (1926) indique que le liquide nutritif de Kolkwitz dont nous ignorons la formule, après addition de $CO^3 Na^2$ jusqu'à une faible réaction alcaline, a un pH de 7.7.

On le voit les renseignements sur la concentration en ions H par les cultures d'Algues sont beaucoup moins abondantes que ceux se rapportant aux eaux naturelles. Les quelques résultats publiés sont en faveur d'un pH de 7 à 8 au plus, mais on se gardera bien de généraliser en cette matière. En effet, nous savons par les recherches faites dans la nature que les organismes y sont localisés dans des eaux d'amplitude de pH assez limitée, souvent très différentes au point de vue de la concentration en ions H de celle des liquides de culture de laboratoire. Non seulement, on sait que le pH se modifie par les cultures et ici l'emploi des cultures pures est indispensable, les Bactéries pouvant intervenir, mais on sait aussi que le pH peut être modifié par les sels qui interviennent ainsi que l'a montré Carpriau (1926) pour les cultures en moût. Les expériences d'Uspensky sont aussi intéressantes en ce qu'elles montrent que si une Algue, telle que *Volvox*, peut vivre dans des milieux à pH aussi différents que pH = 4.9 à 7.3, elle est bien plus sensible à des différences quantitatives des éléments constitutifs des milieux, notamment du fer. Et que si le pH dépasse 8, il faut attribuer la disparition des Algues à la précipitation du fer en milieu alcalin, voir l'ailleurs la bibliographie de cette question dans les travaux d'Uspensky.

Une notion très intéressante et qu'il y aura lieu de mettre à profit pour les cultures est celle du tamponnement des milieux par des carbonates, par le citrate de soude, probablement aussi d'autres sels organiques, par l'humus et l'argile ou des éléments siliceux analogues. Nous verrons plus loin que si l'on cultive les Algues dans des milieux gélosés et gélatinés, on observe des modifications des réactions, ces milieux agissent eux aussi comme tampons et c'est peut-être à ces propriétés que l'on doit attribuer une partie de leur action utile pour la culture des Algues. Il y a là, en tout cas, un champ de recherches considérable à explorer.

SUBSTANCES ABSORBANTES
PULPES ET GELÉES NUTRITIVES

Nous venons parler de la gélose et de la gélatine. On sait que ces substances, qui forment la base de nombreux milieux solidifiés de culture pour les microorganismes les plus variés, ont été étudiés de façon magistrale par EFFRONT (1926) dont on consultera avec fruit les mémoires originaux. Nous ne donnerons ici que quelques faits que nous croyons utiles de signaler pour la question qui nous occupe.

Tout le monde connaît le pouvoir absorbant considérable de la gélatine et de la gélose pour l'eau, propriété qui fut utilisée pour la composition des milieux bactériologistes et de culture.

La gélatine du commerce est légèrement alcaline (pH = 7.0). Si l'on acidifie convenablement la gélatine de manière à obtenir un pH = 4.7, on atteint un point critique où la gélatine se trouve débarrassée presque totalement des substances ioniques. En-dessous de ce point critique, la fraction alcaline fournie par le radical NH^2 entre en jeu et il se forme avec les acides, par exemple HCl, un chlorure de gélatine. Au-dessus de pH 4.7, le radical CO OH, à fonction acide, fixe les alcalins et forme par exemple avec la soude du gélatinate de Na. Si l'on ajoute de la soude au chlorure de gélatine, on passe successivement à la gélatine au point isoélectrique (formation de Na Cl puis de gélatinate.

Le gélatinate ou le chlorure de gélatine peuvent réagir avec les sels neutres par déplacement soit du cathion, soit de l'anion. Ainsi : gélatinate de Na + SO^4Mg = gélatinate de Mg + SO^4Na^2 et chlorure de gélatine + SO^4Mg = sulfate de gélatine + $MgCl^2$. Il s'établit dans ces réactions un équilibre.

On sait que généralement la gélatine utilisée pour les cultures est alcalinisée. On a, en effet, constaté que les gélatines acides ne prennent pas. On ne peut stériliser la gélatine qu'en suivant des prescriptions assez minutieuses. Il s'en suit que sauf conditions spéciales, les milieux gélatinés utilisés pour les cultures ont une réaction supérieure à celle où la gélatine est au point isoélectrique. Autrement dit, elle est sous forme de gélatinate. Dans ces conditions si l'on ajoute à la gélatine du NO^3K, SO^4Mg, $PO^4(NH^4)^2H$, $CaCl^2$, on aura des réactions avec formation de gélatinates de K, de Mg, de NH^4, de Ca, avec formation de nitrates, sulfate, phosphate et chlorure de Na si la gélatine a été alcalinisée par de la soude et des sels de K si on a utilisé la potasse.

On sait qu'il y a des germes producteurs d'acides, d'autres producteurs d'alcali. On voit immédiatement la perturbation dans les équilibres chimiques du milieu qui résulteront soit de la formation d'acide, soit de celle d'alcali. Ces quelques indications montrent quelle complexité les réactions de culture peuvent occasionner. En plus, comme le fait remarquer EFFRONT, des action secondaires, dont on ne peut prévoir la marche actuellement, se produisent à côté de ces réactions que l'on peut interpréter d'après l'affinité chimique.

On sait que certaines Algues, *Scenedesmus*, d'après les expériences de CHODAT (1913, 1926) et de TANNER (1923), produisent la liquéfaction, la protéolyse de la gélatine. Il s'agit là d'une réaction secondaire. La production de pigments diffusant dans les milieux en est une autre très manifeste.

On ne peut comparer un liquide nutritif minéral avec ce même liquide gélatiné. La gélatine constitue pour les Algues un support solide mais il est loin d'être indifférent comme on serait tenté de le croire. Par les équilibres qui se produisent dans la gelée, il se produit toute une série de substances nouvelles. Il est certain que les expériences chimiques de BEIJERINCK, qui consistent à faire des auxanogrammes, en déposant, par exemple, sur un point de la gélatine un cristal dont la matière est sensée diffuser dans le milieu, doivent être expliquées autrement qu'elles ne le furent jusqu'ici. La diffusion des éléments chimiques du cristal se fait peut-être comme cela se passerait dans l'eau avec une diminution progressive des concentrations au fur et à mesure qu'on s'éloigne du centre de diffusion. Dans la gélatine se produit en même temps une série de réactions de transpositions d'anions et de cathions et de réactions secondaires qui doivent singulièrement compliquer l'interprétation des phénomènes à première vue très simples et très compréhensibles.

Ces remarques sont applicables aux autres milieux gélifiés utilisés en culture gélose, silice gélatineuse, empois amylacés et il n'est pas impossible qu'on doive en tenir compte pour l'interprétation des cultures sur milieux solides tels que porcelaine dégourdie, plâtre, argile, sable, papier filtre qui ont été, à l'occasion, utilisés comme supports, soit disant indifférents, pour la culture des Algues. On voit que ces considérations théoriques peuvent avoir une grande importance pratique et modifier la conception que nous nous faisons des conditions culturales, non seulement des Algues mais de tout microorganisme.

La gélose ou agar-agar est peut-être le milieu le plus universellement utilisé pour la cultures des Algues. Elle présente sur la gélatine des avantages manifestes au point de vue technique de laboratoire. Elle est plus stable, résiste mieux à la stérilisation à haute température. On sait que la gélose commerciale est généralement impure, on peut écarter les impuretés qu'elle renferme d'après divers procédés : lavage à l'eau ordinaire et à l'eau distillée, traitement par acides et alcalis pour l'appauvrir en sels et lui enlever les substances que certains auteurs considèrent comme nocives aux cultures.

Nous avions déjà fait remarquer dans un travail antérieur (1920 b) combien nos connaissances sur la constitution de la gélatine étaient peu nombreuses, il en est de même pour la gélose. Les expériences d'Effront sont venues très heureusement combler cette lacune assez extraordinaire, car la gélose est d'emploi courant en bactériologie et son utilisation relevait jusqu'ici surtout de méthodes d'empirisme expérimental.

L'agar-agar est un éther sulfurique de la gélose $(C^6H^{10}O^5)^3SO^4H$. Il renferme, dans le produit commercial, toujours des cendres : de 3,4 à 4,3 p. c. Il n'est pas possible même par les traitements les plus actifs de déminéraliser complètement la gélose. Il est vrai que la gélose déminéralisée a un pouvoir absolument diminué pour les acides. On peut cependant admettre que le pouvoir absorbant acide se trouve en relation directe avec les organates contenus dans l'agar.

Effront note les particularités du titrage de l'acidité dans l'agar fortement déminéralisé. Avant d'arriver à la neutralité définitive on doit faire une série de neutralisations par la soude pour avoir une réaction finale rose à la phénolphtaléine.

Si l'absorption d'acide par l'agar peut s'expliquer assez bien par une neutralisation simple, il n'en est pas de même de l'absorption d'alcali. Cette absorption d'alcali est très forte pour la gélose, qui se solubilise en partie. L'alcali (soude ou chaux) fixé par l'agar est retenu d'une façon énergique ; on peut l'extraire péniblement par lavages à l'eau et à l'acide. Il résulte des expériences d'EFFRONT que l'absorption de l'alcali par l'agar doit être attribuée à la formation d'un sel neutré, peu stable, qui se maintient en équilibre seulement en présence d'un excès d'alcali. Ce sel se dissocie dès que l'on approche de la neutralité. Les acides le décomposent avec formation de chlorurés si l'on a employé H Cl.

Une remarque intéressante est la suivante : l'agar commercial fournit une solution stable au point de vue pH. Ainsi de la gélose à 1 p. 100 a un pH = 6.4, si l'on ajoute 0.1 cc de H Cl p. 100 le pH devient = 6.1, avec 0.25 cc il devient = 5.6 et avec 0.5 cc il est égal à 4. Après 12 à 40 heures les pH ne se sont pas modifiés.

La gélose peut absorber non seulement les acides, les alcalis, mais également des électrolytes. Ainsi le sulfate de cuivre est absorbé par la gélose, le cuivre est absorbé par déplacement des bases (chaux) de la gélose.

Il y a lieu de remarquer que la manière de se comporter de la gélose vis à vis des alcalis est toute différente de celle qui a été indiquée pour la gélatine et qui est celle des matières albuminoïdes.

Ces notions sont évidemment trop récentes que pour avoir déjà reçu une application à la technique des cultures d'Algues, mais il n'est pas douteux que les idées et les expériences d'EFFRONT ouvrent de nouvelles voies dans ce domaine. La question de l'absorption est d'ailleurs une question fondamentale pour l'explication des phénomènes intimes des cellules végétales ou animales. Nous aurons probablement l'occasion d'aborder ce problème qui est de grand intérêt pour la physiologie des Algues.

On n'a guère étudié jusqu'ici les milieux à la silice gélatineuse. On sait, d'après les expériences de PIEU, BRIOUX et PIEU, DEMOLON, etc., le rôle que joue dans le sol la silice, comme colloïde et les réactions complexes qui se pasent dans la terre en présence de silice et de CO^4Ca avec mise en liberté de sels solubles. Il est probable que là aussi, il s'agit de phénomènes d'absorption avec réactions secondaires et interventions de la matière humique.

Certains auteurs ont employé comme support pour les cultures d'Algues du papier filtre, ainsi PRINGSHEIM (1926), HARDER (1917), CZURDA (1927). La cellulose des papiers à filtrer intervient d'une façon considérable, dont beaucoup de chimistes ne se doutent pas, dans certaines réactions. Effront a montré que la pepsine est difficilement absorbée par divers papiers. Alors que, par exemple, le papier filtre Laurent laisse passer toute la pepsine, le papier Dreverhoff n° 311 l'absorbe complètement. Pour la purification des diastases, on doit avoir présent à l'esprit, le rôle important que peut jouer le papier filtre. Les expériences d'Effront avec la ptyaline viennent encore illustrer ces phénomènes. Ces considérations font que l'on ne peut considérer les supports solides constitués par du papier filtre comme indifférents.

ROLE JOUÉ PAR LES MATIÈRES ORGANIQUES DANS LES CULTURES

De nombreux chercheurs ont étudié l'action des matières organiques les plus variées sur les Algues. Depuis Beijerinck et Miquel en 1890, on ajoute aux liquides inorganiques les substances à étudier à des doses variant entre 0.1 et 1.0 p. 100, rarement plus. D'après l'abondance des récoltes, l'aspect du contenu cellulaire et la morphologie des cellules isolées ou des colonies obtenues sur milieux gélifiés ou solides, on a établi la valeur plus ou moins grande des éléments offerts aux Algues.

Il résulte des nombreuses expériences faites avec les matières organiques, dont on trouvera dans notre thèse (1913) une bibliographie à peu près complète, que quelques substances organiques sont particulièrement favorables parmi les sucres : le glucose, parmi les matières azotées : la peptone dans certaines conditions, l'asparagine, le glycocolle. Beaucoup de sels d'acides gras et d'autres matières organiques peuvent être utilisées mais ne favorisant pas comme les substances citées ci-dessus le développement des Algues.

On sait que la croissance des Algues sur les milieux gélifiés, et notamment sur l'agar est très lente comparée à celle des microbes et des champignons. C'est ce qui explique que si l'on tente des isolements, les microbes étant toujours plus nombreux que les Algues dans les matériaux servant à l'isolement, on n'obtiendra en général qu'un abondant développement de colonies microbiennes et de champignons. Dans de telles conditions les isolements d'Algues deviennent très pénibles, surtout qu'il existe des microbes qui s'étendent sur la gélose en films imperceptibles, contaminant les colonies d'Algues qui ont pu se former. Il s'agit donc de lutter de vitesse et d'employer des susbtances organiques qui agissent si favorablement sur les Algues pour obtenir un développement en quelques jours.

C'est ce moyen qui est préconisé par R. Chodat pour l'isolement des Algues. En le combinant avec des dilutions appropriées et des triages de purification, on arrive assez facilement au but poursuivi. Si la méthode indiquée n'est pas toujours facile à appliquer, elle donne pourtant d'excellents résultats. On ne peut que la recommander vivement.

Pour des Algues préférant des matières azotées, des Volvocacées, Jacobsen (1910) utilisa toute une série d'albumines et matières analogues putréfiées favorisant fortement ces organismes verts.

Les grands ennemis dans les cultures d'Algues sont les bactéries et les champignons. Nous avons vu par quels détours Chodat a résolu le problème, Miquel (1890) avait déjà indiqué une méthode de purification des Diatomées mais son procédé, tout ingénieux qu'il soit, est vraiment inapplicable en pratique courante.

On sait qu'en bactériologie, un problème analogue s'est posé aux chercheurs. Comment isoler d'une façon rapide et certaine un microbe pathogène. Il faut opérer rapidement pour confirmer le diagnostic. La question a été résolue pour toute une série de germes : le bacille de la diphtérie, le bacille typhique, le colibacille, le vibrion cholérique, le bacille de la dysenterie, le bacille tuberculeux, etc. Pour ces divers microbes existent des techniques d'isolement qui permettent en un jour ou deux, rarement plus, d'obtenir une culture abondante et caractéristique. Ces milieux sont le sérum coagulé, le Drigalski, l'Endo, la peptone alcaline, le milieu de Petroff et analogues. Ces milieux tout en permettant aux microbes spécifiques de se développer abondamment, entravent le développement des germes banaux ou associés, de manière que c'est maintenant sans aucune difficulté réelle que l'on parvient au résultat.

Ce principe des cultures électives n'a guère été appliqué aux Algues. Tout au plus, ceux qui désirent pratiquer l'isolement de Chlorophycées ou d'autres organismes ont-ils timidement essayé des cultures brutes préalables en présence de l'un ou l'autre corps favorisant. Mais les résultats en ont été déplorables, car en général, dans les milieux liquides les Bactéries arrivent à pulluler et à rendre toute opération ultérieure impossible. Un procédé qui a été mis en œuvre consiste à repiquer les Algues à isoler dans des milieux nutritifs purement inorganiques, dépourvus de toute substance putrescible ou fermentescible. Il arrive que dans ces conditions on observe une multiplication d'Algues soit sous forme de dépôt, soit sous forme d'anneaux ou de voiles à la surface des liquides. Prélever ces amas verts avec une pipette est utiliser un matériel concentré, déjà adapté aux milieux artificiels ce qui est un avantage. Ce procédé peut être tenté, bien qu'il soit en général plus facile de partir d'un matériel pris directement dans la nature, surtout s'il est assez abondant. Même cas dans les cultures purement inorganiques, certaines bactéries arrivent à se multiplier de façon invraisemblable.

Nous avons pu obtenir en culture pure toute une série d'Algues : *Porphyridium* et diverses Chlorophycées citées dans nos travaux (1920 a, b, c). Ces cultures ont été envoyées au professeur R. Chodat qui a bien voulu les conserver et s'assurer de leur pureté.

Au cours de nos recherches physiologiques sur la nutrition des Algues au moyen des corps organiques, nous avons constaté que toute une série (principalement des sels d'acides gras) de corps sans être des aliments de premier choix permettent pourtant pour des Algues très variées un développement notable à la lumière. Les corps essayés étaient des sels de K, Na, Ca et ammoniacaux de divers acides faciles à se procurer à l'état pur : acide acétique, formique, oxalique, tartrique, lactique, citrique, malique, etc., à la dose de 0.5 p. 100 de sel, parfois 1 ou même 2 et 3 p. 100 ajoutés à la gélose calcique dont nous avons donné antérieurement la formule (1913).

Omeliansky (1905) avait signalé le bouillon au formiate de Na comme milieu pour le diagnostic différentiel des microbes. Des essais que nous avions fait avec ce milieu nous montrèrent qu'il n'était pas favorable à beaucoup de germes. C'est ce qui nous incita lorsque nous fîmes des expériences pour l'isolement des Algues à utiliser le formiate et d'autres acides organiques.

Nous avons déjà longuement indiqué (1920 a, page 3 à 5) la façon dont nous avons opéré pour isoler en culture pure *Porphyridium cruentum*. Cette Algue se présente sous forme de masses gélatineuses, pour les dissocier nous les avons laissé dessécher à l'air en plaque de Petri, en grattant la surface, nous ensemençons sur gélose au malate de Ca et d'oxalate de Ca à 1 p. 100. Sur malate un développement se produisit. Les repiquages ultérieurs sur malate de Ca à

0.5 % ne donnèrent pas de colonies rouges, mais en essayant des
géloses additionnées de tartrate de Ca, de citrate et d'oxalate de Ca
à 0.5 % nous avons obtenu un développement sur ces trois milieux,
mais surtout sur le citrate de calcium. On repique à nouveau sur
diverses géloses additionnées de corps organiques (tartrate de Ca,
oxalate de Ca, asparagine 0.5 %). Sur la gélose asparagine (fig. 1,
II de notre mémoire de 1913) nous avons obtenu des colonies isolées
tandis que sur le tartrate se formait une pellicule continue, tenace.
difficile à enlever.

Comme nous le disions en 1913, les cultures d'Algues se développent lentement et pour les isoler il y a lieu de varier autant que
possible les milieux de culture pour réaliser la méthode des cultures
favorisantes. En partant d'un matériel naturel fortement contaminé,
nous sommes arrivés en moins de quatre mois à obtenir des cultures
pures. Nous avons opéré avec des tubes à essai et non avec des
plaques de PETRI ou des ERLENMEYER conseillés par CHODAT et GRINT-
ZESCO (1900), matériel assez encombrant.

On prépara à l'avance toute une série de tubes de gélose additionnée de liquide nutritif minéral et de sels organiques. Les essais
que nous avons fait montrent que l'on obtient souvent de bons résultats avec les sels organiques de calcium, mais il ne faut pas rejeter
pour cela ceux de potassium, de sodium ou d'ammonium, etc., ni les
matières azotées. Nous avons vu que l'asparagine a été des plus utile
pour l'isolement de *Porphyridium*, en ce qu'elle donnait lieu à la
formation de colonies isolées ponctiformes.

Le passage des cultures d'Algues à isoler, Algues toujours
accompagnées de bactéries dans la nature, sur des milieux renfermant chaque fois des sels organiques différents, exerce certainement
une action sur les microbes associés aux Algues. Lorsque, comme ce
fut le cas, l'Algue parvient à vivre sur les divers milieux différentiels, les bactéries sont influencées. Si certaines espèces sont favo-
risées, d'autres sont anéanties et, par passage dans des milieux
chaque fois différents, on arrive à les éliminer. Il est évident que
l'on doit faire de nombreux essais avec des milieux variés et suivre
chaque culture pour apprécier les progrès des isolements et la purification successive. Il y a là une question de flair et d'études de
chaque culture. On doit se laisser guider par les résultats expérimentaux.

En 1913, lorsque nous avions abordé l'isolement de *Porphyri-*

dium, une des plus difficiles que nous ayons réalisé, nous avions déjà une pratique de plusieurs années et il ne sera pas inutile de raconter brièvement nos premières tentatives.

Au début, nous conformant en cela aux prescriptions des auteurs antérieurs, nous nous étions efforcé d'obtenir d'abord des cultures brutes en liquide nutritif. Celui que nous utilisions était le liquide calcique. A partir de ces cultures, d'ailleurs impures, nous faisions des isolements sur plaque de Petri à la gélose purifiée et minéralisée. Mais ces essais répétés de nombreuses fois, n'ont jamais permis d'obtenir des cultures pures. Nous obtenions bien des cultures unialgales d'organismes des plus variés : Chlorelles, *Hormidium, Stichococcus, Scenedesmus, Ophiocytium, Nostoc ;* Cyanophycées filamenteuses telles que *Phormidium autumnale,* des Oscillaires, *Cosmarium,* etc., et. Si un tel matériel présente pour certains chercheurs de l'intérêt, il ne satisfait pourtant pas la conscience d'un bactériologiste.

Nous avons essayé l'addition de sucres divers, et parmi eux assez souvent le lactose, qui n'est pas toujours favorable pour les bactéries, levures ou champignons. Tout en variant les conditions culturales, nous n'avancions pas fort. Pendant plus de deux ans, nous avons tenté des essais multiples et les résultats étaient loin d'être encourageants.

C'est alors que nous eûmes l'idée d'essayer les cultures favorisantes, en nous adressant non aux sucres ou aux milieux purement inorganiques, mais à des sels organiques en concentrations assez fortes, en variant continuellement les conditions expérimentales. En quelques mois, nous avons ainsi réussi à isoler en culture pure des Algues, qui pendant deux ans auparavant, avaient été rebelles à toute purification complète et que nous maintenions vivantes faute de mieux en liquide nutritif inorganique. Ces cultures pures nous ont servi pour nos recherches physiologiques (1920 b et c).

Pour pratiquer les isolements sur gélose, nous n'avons presque jamais utilisé le procédé de mélange de dilutions appropriées dans la gélose liquéfiée et coulée en plaque. Nous avons très généralement employé le procédé de frottage de la surface de la gélose étalée ou en surface inclinée soit au moyen de l'anse de platine, soit avec des pipettes étirées de verre.

Chlamydomonas intermedia Chodat, culture 13 b. — La souche bien vivante en liquide calcique est essayée en vain sur gélose lactose.

Un essai avec l'oxalate de chaux est sans résultat. Nous ensemençons la souche sur gélose à l'acétate de potasse à 2 p. 100, par repiquage sur gélose citrate de chaux à 0.5 p. 100, nous obtenons la culture pure en moins de deux mois.

Chlorococcum viscosum Chodat, culture A2'LX : l'eau naturelle est ensemencée sur gélose calcique. Les colonies développées sont repiquées sur gélose acétate de potassium à 1 p. 100 et 3 semaines après repiquées sur gélose au citrate de chaux. Cette dernière culture après ensemencement a été exposée pendant deux jours aux rayons solaires (mois de mai). Cet essai est contraire à tous les enseignements, au contraire les algologistes ont peur du soleil direct et nombreuses sont les publications qui conseillent la lumière douce de fenêtres exposées au Nord et de tamiser cette lumière. Comme quoi, il est parfois avantageux de faire autrement qu'on ne le dit. Moins de 10 jours après le procédé violent de l'exposition des cultures au soleil, que nous avions pratiquées pour entraver le développement des microbes, des colonies vertes se montrent. Nous les repiquons pour isolement sur gélose citrate de chaux à 0.5 % et 10 jours après pour purification sur gélose au malate de calcium. Nous avons ainsi des colonies pures ainsi que le démontre l'examen microscopique, des cultures sur gélose au bouillon et en eau peptone. Il a fallu moins de deux mois pour arriver au but.

Stichococcus membranæfaciens Chodat, culture n° 41. — La culture en liquide calcique est répartie sur gélose calcique, puis isolée sur gélose ou lactose et enfin sur gélose au lactate de potassium + CO_3 Ca.

Stichococcus lacustris Chodat, culture Spontin n° 2. — Le matériel initial était constitué par un *Nostoc* que nous avons lavés dans une série de 10 tubes d'eau physiologique, avec le dernier lavage on ensemença de la gélose calcique et les colonies de *Stichococcus* qui y parurent furent purifiées sur gélose au citrate de chaux à 0.5 %.

Chlorella vulgaris Beijerinck, culture n° 94. — Provient de la slikke du bord de l'Escaut ou Doel, la boue verte est diluée dans de l'eau physiologique et ensemencée d'abord sur gélose ou lactate de potasse, puis après sur malate de chaux et enfin sur citrate de calcium.

Coccomyxa spec., culture n° 40. — Le matériel provenant d'une culture en liquide nutritif inorganique est ensemencé d'abord sur gélose au lévulose 1 %, de là sur gélose au citrate de chaux. La culture ainsi obtenue renfermait un mélange de *Coccomyxa* et de *Stichococcus*. Ayant constaté pour d'autres *Stichococcus* que la gélose à l'antipyrine 0.5 % plus 1 % de glucose n'était pas un milieu favorable à cette Algue, nous passons le mélange d'Algues sur gélose à l'antipyrine. Suivant nos prévisions seul *Coccomyxa* persiste sur le milieu et *Stichococcus* disparaît des cultures, que nous purifions finalement sur gélose au citrate de Ca additionné d'asparagine.

Nous pourrions multiplier les exemples de réussite d'isolements par la méthode de cultures sélectives successives. Ce que nous venons d'en dire suffit pour montrer la marche générale à suivre et l'application du principe des cultures favorisantes. On s'efforcera de varier les conditions d'existence des Algues et multiplier les milieux différentiels. La besogne consiste à suivre les diverses cultures, à les vérifier. Cette façon de procéder prête à de larges possibilités et n'exclut pas les méthodes préconisées par les divers auteurs qui se sont occupés des cultures d'Algues. Au contraire, on les mettra à contribution pour étendre le champ des réussites.

Les expériences que nous venons de relater montrent les grandes ressources que présentent les substances organiques et spécialement les sels organiques pour l'isolement des Algues. Le sujet est évidemment loin d'être épuisé et se prête à de nombreux essais.

A côté des matières organiques de composition bien définie dont nous venons de parler, existe dans la nature toute une série de substances sur lesquelles on connaît très peu de chose. Ce sont les matières organiques, d'ailleurs en proportions infinitésimales, que les chimistes dosent dans les eaux en les exprimant, soit sous forme de permanganate, soit en oxygène. Ces substances se trouvent dans les eaux à des doses plus ou moins élevées suivant le degré de pallution des eaux.

MIQUEL (1890) conseille vivement, pour la culture des Diatomées, d'ajouter des matières organiques au liquide minéralisateur qu'il préconisa. Ce sont des matières peu ou pas putrescibles qu'il extrait de décoctions de substances telles que le son de blé, paille de blé, mousses terrestres, d'excréments séchés de rongeurs ou d'herbivores. Il ne conseille pas l'emploi de la chair musculaire lavée et cuite qui est trop favorable au développement des Champignons et des

Algues vertes. Des prescriptions analogues ont été fournies, d'après HAUGHTON GILL, suivant VAN HEURCK (1893) qui utilisa soit une infusion stérilisée de graminées, soit une soupe de Diatomées, obtenue en faisant bouillir longtemps dans l'eau une grande quantité de Diatomées fraiches. Parfois l'emploi de rapures fines d'os, de racines bien lavées de graminées s'est montré favorable.

Plus récemment, PRINGSHEIM (1914) utilisa des extraits de terre. VON WETTSTEIN (1921) conseille vivement les extraits de tourbe pour la bonne culture des Algues. BACHRACH (1927) signale l'action favorisante sur le développement des Diatomées qui résulte de l'addition au liquide de Knop (à 0.35 p. 100 de sels environ à la dose de 10 cc) de 1 à 10 gouttes d'une solution de gélose à 1 pour 100. c'est-à-dire une dose très faible d'une substance généralement peu utilisable par elle-même par les Algues.

Toutes ces constatations expérimentales sont en somme concordantes et prouvent que pour la culture des Algues les plus diverses l'addition de traces de matières organiques, peu putrescibles, est avantageuse.

En fait les observations dans la nature viennent confirmer ces constatations. On a remarqué depuis longtemps l'utilité de l'emploi des eaux naturelles. GRINTZESCO (1902) cite parmi les milieux liquides pour la culture des Algues, les eaux naturelles stérilisées. Si dans de telles eaux les Algues se développent d'abord bien, elles épuisent très vite le milieu. Dans ces eaux les Algues trouvent des conditions se rapprochant beaucoup de leur milieu naturel et elles y prennent des formes et des dimensions semblables à celles qui les caractérisent dans la nature. Il est par conséquent utile, lorsque l'on a obtenu une Algue en culture pure, de l'observer dans les eaux naturelles stérilisées pour pouvoir les comparer avec les formes cataloguées dans les flores. L'étude de la morphologie algale en cultures artificielles riches vient compléter cette étude et permet souvent comme CHODAT (1913, 1926) et ses élèves le firent, de montrer les rapports phylogéniques entre les espèces.

Un auteur anglais BOTTOMLEY (1920) a montré pour des cultures de *Lemna* l'influence considérable sur le développement de ces plantes, qu'exerce la matière organique de l'eau des étangs comparativement à des cultures en liquides inorganiques nutritifs. Alors que ces cultures restent malingres, les premières deviennent des plus florissantes et normales.

Mazé (1927) a donné une explication basée sur de nombreux faits expérimentaux du rôle favorable des matières organiques chez les végétaux. D'après lui les organites minéraux seraient l'intermédiaire nécessaire dans l'assimilation des éléments nutritifs inorganiques par les plantes, et il pousse sa thèse jusqu'au point de dire que les végétaux supérieurs sont incapables d'assimiler un aliment minéral, s'ils sont dépourvus de composés organiques renfermant cet élément ; mais si on met à leur disposition des traces de ces substances organominérales, on leur confère la faculté d'assimiler les aliments inorganiques.

Il y a donc tout une série de faits, tant expérimentaux qu'observés dans la nature, qui plaident en faveur du rôle très particulier, indispensable par exemple d'après Mazé, en tous cas favorisant de matières organiques de nature indéfinie jusqu'ici. Le rôle utile des substances organiques pures de la chimie a aussi été depuis longtemps mis en évidence, mais paraît devoir être interprété autrement que celui des substances de nature indéfinie. Si nous prenons par exemple les sucres, comme cas le plus extrême, ces substances ont une action très caractéristique sur le métabolisme général cellulaire.

MODIFICATIONS PROVOQUÉES DANS LES CULTURES PAR SUITE DU DÉVELOPPEMENT DES ALGUES

Prenons par exemple un milieu nutritif, tel que le liquide de Knop modifié utilisé par Ravin (1914) dans lequel on met NO^3K : 0.2 gr.; PO^4KH^2 : 0.25 gr. et KCl : 0.1 gr. et supposons, pour ne pas compliquer les choses, que l'on n'ajoute pas de sulfate ferreux. Nous avons en présence quatre sels solubles. Les anciens physiologistes considéraient que dans le milieu ainsi constitué on trouvait NO^3K, SO^4Mg, PO^4KH et KCl sous les formes de sels complets.

Depuis l'étude de l'ionisation des sels dans les solutions diluées, on sait que de telles solutions ne renferment pas seulement les sels tels que nous nous les représentons mais se décomposent, on trouvera par exemple à côté de KCl. des ions de K et de Cl et cela dans des proportions assez variables suivant la concentration du KCl utilisé. Il en est de même pour les autres sels. En réalité, lorsque nous parlons de milieux renfermant du KCl, nous y trouvons aussi des ions K et Cl. On voit qu'un liquide nourricier de composition relati-

vement simple va présenter des combinaisons des plus variées ;
ainsi Cl pourra se combiner non seulement aux ions K mais aussi
aux ions Mg mis en liberté par le SO^4 Mg et avec l'H disponible,
soit par ionisation de l'eau ou de ses acides tels que $PO^4 KH^2$.

En réalité un liquide nutritif présente une complexité d'éléments
beaucoup plus grande qu'on ne le supposait à l'origine. Généralement
ces liquides sont renfermés dans des tubes ou des récipients de verre,
dont les silicates se laissent plus ou moins attaquer, surtout après
stérilisation des milieux. A la faveur des températures utilisées, par
exemple 120 degrés à l'autoclave, toute une série de changements,
dont on ne tient généralement pas compte, se produisent dans les
liquides nutritifs. Si de plus on ajoute des matières organiques ou des
éléments qui donnent lieu à des précipitations partielles telles que
celles du Fe, du Ca, on arrive à des combinaisons et dissociations
multiples, que seule une étude très difficile pourrait mettre en valeur.

On conçoit que dans de telles conditions l'interprétation des phénomènes physiologiques, résultant de l'introduction des ces milieux
d'organismes vivants, d'Algues par exemple, soit loin d'être simple.
Les Algues produisent, suivant qu'elles sont éclairées ou non, de
l'oxygène, de l'acide carbonique, éléments dont l'intervention va agir
sur les composants du milieu, indépendamment de la production de
zymases et de produits d'excrétion variés.

L'ancienne conception physiologique de l'assimilation doit être
remaniée et interprétée d'après des idées plus modernes.

Il est clair que cette question fondamentale pour le métabolisme
cellulaire mérite une étude approfondie et longue ; à peine est-elle
amorcée (voir notamment les travaux d'Achille GRÉGOIRE). Mais, si
l'on ne connaît pas de façon précise la suite des phénomènes au
cours de l'assimilation et des cultures, on a quelques indications sur
le résultat des cultures, sur les produits formés.

Pour les cultures de microorganimes d'intérêt industriel, tels que
les Levures, les ferments lactiques, etc., on est souvent assez bien
renseigné sur les produits finaux formés et de grands progrès ont
été réalisés ces derniers temps pour l'interprétation des phénomènes
qui entrent en jeu.

Lorsqu'il s'agit d'Algues et d'organismes d'intérêt scientifique,
on est beaucoup moins documenté. Il est évident que l'intervention
des Algues, amène des changements dans les liquides nourriciers ;
elle détermine d'une part la décomposition et l'utilsiation des aliments

offerts, d'autre part la production de produits d'excrétions, tels que
les zymases pouvant avoir une action intéressante, tels que les produits résiduels souvent toxiques et nocifs pour les cultures. Des
cadavres cellulaires, des fragments de cellules mis en liberté par
exemple lors de la sporulation où des morceaux de coques plus ou
moins gélifiées des cellules mères sont abandonnés par les cellules
jeunes et fraîches et viennent ajouter des éléments complexes en
cultures.

On a rarement mis en évidence, la production de produits toxiques par les cultures d'Algues. Citons-en un : MAKANS (1917) a montré
la formation d'acide formique libre qui détermine, d'après lui, le
blanchissement des cultures d'Algues cultivées en milieux glucosés.
Ce phénomène est bien connu, c'est la chlorose des Algues, le jau-
nissement des cultures signalés par BEIJERINCK (1904), CHODAT (1913,
etc.), nous-même (1913) et de nombreux auteurs. Pourtant ajoutons
que MAZÉ (1927) attribue la chlorose végétale à d'autres causes.

Nous avons déjà parlé antérieurement des phénomènes de régu-
larisation du pH qui se produisent dans les cultures d'Algues et de
microorganismes. Ces phénomènes sont remarquables et sont la
résultante d'un mécanisme réactionnel des cellules sur lequel on
est encore mal informé.

Pour éviter l'action nocive de certains composés, dangereux pour
la vitalité des cellules, notamment des acides, il est bien connu que
l'emploi de neutralisants, donnant lieu à la formation de sels insolubles, est largement utilisé. Par exemple, pour les ferments lactiques,
l'addition de craie au milieu, empêche l'acidification du milieu par
l'acide lactique et donne lieu à la formation de lactate de chaux. Mais
dans ce cas, il s'agit de produits d'excrétion. Des réactions nocives
pour les organismes peuvent résulter d'une action des cellules sur
les éléments nutritifs élémentaires mis à leur disposition.

Un des exemples les plus caractéristiques est peut-être celui de
la formation de vapeurs rutilantes au cours de la fermentation de
moûts riches en nitrates solubles, par exemple ceux qui sont fabri-
qués à partir du jus de betterave. On sait que les nitrates sont un
très mauvais élément azoté pour les Levures, au contraire les sels
ammoniacaux sont des meilleurs. Nous pensons que cette action
nocive des nitrates provient de ce que la levure assimilant énergi-
quemnt le potassium du nitrate, ne parvient pas à utiliser le groupe
nitrique du nitrate ; celui-ci par réduction donne l'ion nitreux qui,

dans les moûts acides (on acidifie souvent de tels moûts par de l'acide sulfurique), donne lieu à des vapeurs rutilantes. Dans les milieux nutritifs pour Levures, auxquels on a ajouté des nitrates, le radical nitrique ou nitreux, tout en restant diffusé et inutilisé dans le liquide, exerce une action toxique en se transformant, le milieu étant acide, soit en NO^3H ou NO^2H, corps qui entravent complètement le développement des cellules et les tuent.

Dans les cultures d'Algues beaucoup d'auteurs signalent que le nitrate d'ammoniaque détermine l'acidification des liquides. PRIANISCHNIKOW (1927) indique que les plantes cultivées en solutions nutritives prennent plus vite l'ammoniaque que NO^3. Par suite il se produit une acidification du milieu. Il est clair que les nitrates étant des sels facilement utilisés par les Algues, leur accumulation, même temporaire dans les liquides nutritifs, peut ne pas présenter de grands inconvénients et constituer finalement un profit pour les organismes chlorophylliens. PRINGSHEIM (1913), discutant l'alimentation autotrophe d'*Euglena gracilis,* signale que les nitrates peuvent déterminer une réaction alcaline par destruction du radical nitrique et mise en liberté d'ions OH, d'où la réaction alcaline.

PRINGSHEIM (1912) écrit que les phosphates acides, de même qu'une réaction acide, agissent presque partout de façon nuisible. Il signale que la gélose minérale additionnée de NO^3K ne convient pas au développement de *Closterium.*

C'est peut-être à l'introduction de sels de calcium dans certains milieux de culture qu'il faut attribuer une action favorable. Non seulement le calcium donne lieu à des sels insolubles, mais il peut agir aussi comme neutralisant toujours prêt à agir. Un excès de calcaire est pourtant à éviter : MAZÉ (1914). La formation de bicarbonates solubles agissant comme tampon est aussi une fonction qu'il faut envisager lorsque l'on veut se faire une idée des équilibres qui se forment dans les solutions nutritives.

USPENSKY (1915) tamponne son liquide nutritif pour *Volvox* au moyen de citrate de soude et arrive ainsi à obtenir une meilleure utilisation des sels de fer, que l'on peut fournir en doses plus fortes sans crainte d'action toxique. Contrairement à l'opinion de beaucoup d'auteurs, il a constaté que la réaction alcaline des milieux correspondant à pH 7.9 à 8.2 est défavorable aux *Volvox,* amène leur pâlissement et la mort en quelques semaines. La réaction alcaline des milieux, l'insolubilisation du fer par les phosphates peuvent provoquer un état du fer qui le rend inutilisable. La précaution qu'il a prise d'ajouter périodiquement de minimes quantités de fer aux milieux, pour maintenir la vitalité des Algues, indique bien les écueils à éviter.

La question des modifications qui se produisent dans les milieux de culture est encore bien obscure. Cela se comprend, on n'a pas plus examiné les liquides après le développement des Algues qu'avant leur ensemencement. Les seuls faits qui aient permis de réunir des observations sont en somme ceux qui se rapportent à des manifestations pathologiques de mort des cellules. Les interprétations des accidents constatés sont suffisantes pour attirer l'attention sur l'extrême intérêt des réactions observées.

ACTION DES FACTEURS SECONDAIRES OU PEU CONNUS

Nous groupons sous cette rubrique une série de facteurs actifs sur le développement des cultures, les uns parce qu'ils sont mal connus, les autres parce qu'ils ne peuvent être mesurés ou appréciés d'une façon complète.

Parmi ces facteurs, le plus important est certainement la LUMIÈRE.

On sait (MASSART 1921, KUFFERATH 1913, etc.) que les Algues peuvent vivre à l'obscurité pourvu qu'on leur fournisse les éléments organiques nécessaire. Il y a déjà longtemps CHARPENTIER (1903) avait prouvé la chose pour *Cystococcus humicola*. MATRUCHOT et MOLLIARD (1902) avaient fait les mêmes constatations pour *Stichococcus bacillaris* var. *major*. DANGEARD (1921) pour *Scenedesmus acutus*. DENIS (1920) a montré qu'il existe un optimum de luminosité pour le développement de *Stichococcus* dont il évalue les récoltes par pesée.

Un éclairage artificiel selon les indications de HARTMANN (1921), PRAT (1925) et PRINGSHEIM (1920) suffit pour mener à bien un certain nombre de cultures. Il est incontestable que la lumière solaire est un élément indispensable à la bonne vitalité des Algues et surtout pour obtenir leur développement dans des liquides nutritifs purement inorganiques. Malheureusement, l'intensité lumineuse varie non seulement chaque jour mais au courant de l'année, au point que dans des régions du Nord peu ensoleillées en hiver on rencontre des difficultés pour la culture normale des Algues, leur dévelopement étant plus lent et moins énergique durant la période hivernale.

D'autre part, il y a lieu de considérer que les Algues présentent des résistances très inégales à la lumière. Bien que certains auteurs recommandent d'éviter l'insolation directe, nous avons maintefois constaté que les Algues résistent très bien à ce traitement énergique. D'ailleurs, il suffit de voir ce qui se passe dans la nature, pour s'apercevoir que des accumulations notables d'Algues peuvent prospérer dans des situations ensoleillées, sur les troncs d'arbres, les toits, les rochers sans compter les mares, étangs et lacs qui ne sont pas protégés par un rideau d'arbres ou des plantes contre les rayons directs du soleil.

La lumière artificielle est un facteur que l'on peut régler. On utilise à volonté les diverses lumières blanches ou colorées, en ayant soin, pour éviter l'échauffement des cultures d'interposer entre le foyer lumineux et celles-ci un dispositif réfrigéré par de l'eau courante. Les cultures sont disposées circulairement autour de la lampe centrale (Pringsheim 1926).

Pour éviter un échauffement nuisible aux Algues, lorsque l'on expose des cultures à la lumière directe du soleil, il est bon d'user également d'un dispositif réfrigérant, que l'on se construit facilement en entourant le tube de culture d'un manchon où l'on fait circuler un courant d'eau à la façon d'un réfrigérant.

Un autre facteur secondaire pour la culture des Algues est la TEMPÉRATURE.

En effet, ces végétaux poussent aux températures habituelles et ne nécessite aucun appareillage spécial. Les hautes températures, au-dessus de 30° C jusqu'à 40 à 45° C sont défavorables à la vitalité des Algues, ce n'est que dans des cas exceptionnels qu'on les utilisera. Miquel (1890-1892) a fait de nombreuses expériences sur l'action de la température sur les Diatomées, il établit l'échelle suivante pour nos climats :

Vers 0° C.......	pas de développement
à 5° C.......	développement peu sensible
5 à 10° C......	— appréciable
10 à 30° C......	— généralement favorable
30 à 40° C......	{ mort de beaucoup de Diatomées { certaines Chlorophycées résistent
à 45° C.......	mort des Diatomées
à 50° C.......	destruction des Chlorophycées

Les diverses espèces de Diatomées résistent inégalement à la chaleur, on emploiera ce procédé pour les isoler en culture les unes des autres, pourvu qu'elles se comportent différemment.

Pour la culture de beaucoup d'Algues, il semble beaucoup plus intéressant d'expérimenter en milieux froids. Les tubes de culture étant disposés dans des bacs en verre, refroidis par de la glace. On sait en effet que la flore hivernale, celle des hautes altitudes, est très différente de la flore estivale. On pourrait ainsi obtenir des cultures d'Algues cryophiles et des basses températures.

L'action de l'ÉLECTRICITÉ est mal connue.

STONE (1909) fait quelques études sur des microbes et des levures, mais pas pour des Algues. Il montra qu'une certaine excitation se produit soit par l'électricité statique, soit par de très faibles courants galvaniques. Dans certains cas, une multiplication considérable du nombre de germes a été notée. Les Algues mobiles, comme on le sait, sont sensibles à de faibles courants électriques se portant vers un pôle ou vers l'autre. Ces propriétés pourraient être utilisées pour des triages grossiers.

Le CHIMIOTAXISME est une propriété à laquelle on peut éventuellement faire appel.

MASSART (1889 a, b, 1891 a, b, c) étendant les études de PFEFFER (1888) a montré que beaucoup d'organismes des eaux sont attirés ou repoussés par des sels très variés, leur valeur nutritive n'a pas d'importance pour le phénomène. KUWADA (1916) montra qu'un *Chlamydomonas* marin présente un chimiotaxisme positif pour les acides organiques et inorganiques ; la peptone a une forte action attractive, tandis que les sels neutres sont indifférents. D'après MEINHOLD (1911) les colonies bactériennes exercent sur les Diatomées une action directrice en milieux gélosés. Les propriétés chimiotaxiques ne semblent pas devoir être d'une grande utilisation, tout au plus pourrait-on les utiliser pour déterminer des accumulations locales d'Algues, ce qui permettrait des accumulations d'organismes utilisables pour des triages ultérieurs.

La VISCOSITÉ des milieux ne paraît pas digne d'intérêt pour les cultures d'Algues. Il existe à ce sujet des remarques de LWOFF (1925). mais elles concernent des Infusoires et non des Algues.

La sensibilité à la GRAVITATION est aussi un élément de peu d'importance pour la culture des Algues.

MASSART (1891 b) a constaté que si les zoospores sont négativement géotaxiques, les cellules immobiles sont entraînées au fond des tubes. Schwartz (1884) avait déjà indiqué le géotaxisme négatif d'Euglènes et de *Chlamydomonas* en faisant usage de tubes remplis de sable humide. De telles expériences peuvent être utilisées pour obtenir des concentrations d'Algues mobiles. Voir aussi Wager (1911) et De Wildeman (1928) dans ses études sur le thermotaxisme des Euglènes.

Enfin on connaît très mal le rôle qu'exercent les gaz dissous dans l'eau : O, CO_2 notamment. Ce rôle est évident à priori. La difficulté est de les fournir en quantités fixes aux cultures ; quand on les utilise c'est en excès sous forme de courant gazeux barbottant dans les milieux. Leur dosage présente d'ailleurs des difficultés, lorsque l'on n'a à sa disposition que de petites quantités de liquides nutritifs.

Il y a enfin une série de facteurs biologiques sur lequels il serait intéressant d'avoir des expériences faites avec des cultures pures.

Tout le monde connaît les symbioses lichéniques d'Algues, celles d'Algues avec Hépatiques et Phanérogames et Cryptogames vasculaires. Les relations des gonidies avec leurs commensaux sont établies principalement par des études cytologiques et des observations dans la nature. Chodat et ses élèves ont isolé un certain nombre de gonidies et montré que les formes coloniaires des Algues isolées ont des analogies avec les formes des lichens d'origine. Reconstituer les lichens par l'union de gonidies et de Champignons peut être un problème expérimental digne d'efforts. La biologie des gonidies, du Champignon et du Lichen résultant forme un ensemble de grand intérêt biologique. Remarquons que jusqu'à présent on n'a pas encore tenté la culture de Lichens d'une façon systématique. Ces organismes de nature complexe constituent pourtant une entité bien définie, leur culture ne serait peut-être pas inutile pour résoudre bien des problèmes physiologiques et éthologiques, de colonisation des roches, écorces, etc...

A l'étude de la symbiose pourra se rattacher une autre, celle de la vie de parasites de support. Nul n'ignore que les Mousses, Hépatiques et Sphaignes hébergent des organismes variés et souvent curieux : des Desmidiées, des Cyanophycées, des Flagellates, etc... Ces organismes vivent dans les espaces formés par les feuilles et la tige, dans un milieu souvent très humide. El. et Em. Marchal

(1905 à 1911) ont cultivé de nombreuses Mousses à l'état de pureté. Depuis les travaux de nos savants compatriotes, de telles cultures ont été réalisées par SEWETTAZ (1912 et 1913) et UBISCH (1913). LILIENSTERN (1927) essaya des cultures de *Marchantia polymorpha*. Rien n'empêcherait de tenter sur le support vivant, constitué par des Mousses, etc., isolées et en culture pure, d'ensemencer des Algues commensales et réaliser ainsi au laboratoire des conditions naturellement très particulières et méritant l'attention du biologiste.

Tout récemment l'attention a été attirée sur une série d'actions exercées par diverses SUBSTANCES COLORANTES sur des organismes microscopiques variés et sur les colloïdes. BOUTARIC et BANÈS (1928) ont montré l'analogie de l'action de l'éosine sur des cellules vivantes et diverses matières colloïdales. HOLLANDE et CRÉMIEUX (1928) ont fixé les doses minima actives de bleu de Nil pour divers microbes pathogènes, les doses à employer sont très faibles et il ne serait pas impossible qu'on ait là un procédé pour se débarrasser d'un certain nombre de Bactéries, fatales aux cultures d'Algues pour autant que celles-ci ne soient pas entravées dans leur développement. L'expérience est tentante.

PHILIBERT et RISLER (1928), RISLER, PHILIBERT et COURTIER (1928) ont montré l'action de la lumière sur des Bactéries préalablement sensibilisées par des substances fluorescentes ou non. Alors que la lumière simple n'a pas d'action sur les Bactéries, on obtient une lyse immédiate par la lumière à grande longueur d'onde du néon, sur les mêmes organismes sensibilisés au violet de méthyle à la dose de 1 pour 10.000.

D'autre part, JULLARD (1928) a fait ressortir l'action favorisante de SUBSTANCES FLUORESCENTES sur les phénomènes végétaux.

Il apparaît donc comme possible que de telles substances puissent favoriser le développement de cellules végétales à chlorophylle, tandis qu'elles exerceraient un action nocive sur les microbes. L'expérience devra évidemment indiquer si l'application de ces diverses idées est digne d'attention et si l'on ne pourrait pas par des procédés inspirés des techniques récemment signalées, arriver à constituer des milieux sélectifs avantageux pour réaliser des cultures pures d'Algues.

CONCLUSION

Au fait, sommes-nous bien en droit de conclure, de donner en quelques lignes une impression d'ensemble des problèmes soulevés par la culture des Algues ? Nous avons essayé de mettre un peu d'ordre dans des questions qui touchent à la fois tant de domaines : la bactériologie, la cytologie, la physiologie, la biologie végétales. A côté de données historiques, nous avons exposé des faits d'ordre technique. En plus de ces indications positives, nous avons été amenés à pénétrer dans des domaines nouveaux, auxquels les chercheurs de ce moment ne peuvent pas rester étrangers. Dans cette voie, beaucoup de problèmes sont encore à l'étude, d'autres même à peine ébauchés sollicitent notre attention. S'il y a plus d'idées lancées que de faits expérimentaux, on voudra bien nous en excuser.

Nous espérons que ce travail ne sera du moins pas inutile pour les algologistes de langue française. S'il pouvait déterminer des recherches nouvelles, engager les travailleurs de laboratoire à renouveller le problème de l'algologie expérimentale, ce serait, croyons-nous, au grand profit de la science botanique. Si nous avons dû faire une grande part à un exposé bibliographique, nous pensons que le dernier mot doit rester à l'expérimentation. D'autres, et non des moindres, nous ont montré le bon chemin, notre meilleur vœu est qu'il soit suivi.

BIBLIOGRAPHIE

La liste des publications que nous donnons ci-dessous se rapporte aux travaux que nous avons signalés et que nous avons pu lire, en grande majorité, dans les textes originaux. Nous ajoutons à cette liste un certain nombre de travaux parus depuis février 1928, moment où nous avons été appelés à parler de la culture des Algues à l'Institut des Hautes Etudes de Belgique. Le nombre d'études que nous n'avons pu consulter est relativement petit, elles sont marqués par une astérisque dans les listes. Nous avons ajouté également quelques indications concernant des travaux que nous n'avons pas cités mais qui peuvent être utiles pour ceux qui désirent avoir des aperçus sur des techniques, spécialement chimiques, utilisables pour des études poussées.

La liste est donnée par ordre alphabétique et pour chaque auteur par ordre chronologique. Une série de travaux publiés pendant une même année par un auteur donné est distinguée par les lettres *a*, *b*, *c*, etc... Nous donnons le titre, le nom du périodique, l'année, le numéro du volume et enfin la page.

Adjarof M. — Recherches expérimentales sur la physiologie de quelques Algues vertes. *Inst. Bot. Genève*, 1905, 6e Ser., fasc. VII.

* **Allen et Nelson.** — On the artificial culture of marine plankton *J. Marine Biol.* 1900 (ou 1910 ?) VIII, n° 5.

Allorge P. — Etudes sur la flore et la végétation de l'Ouest de la France. II. Remarques sur quelques associations végétales du massif de Multonne. Concentration en ions H dans la bruyère à Sphaignes. *Bull. Mayenne Science*, 1924-1925, 38 pages.

Allorge P. 1926 a. — Sur la végétation des bruyères à Sphaignes de la Galice. *C. R. Acad. Sciences Paris*, 1926, 184, 223.

Allorge P. 1926 b. — Sur le benthos à Desmidiées des lacs et étangs siliceux des plaines dans l'Ouest et le Centre de la France. *C. R. Ac. Sc. Paris*, 1926, 183, 982.

Allorge P. et Denis M. — Notes sur les complexes végétaux des lacs-tourbières de l'Aubrac. *Arch. de Botanique*, 1927, n° 2.

Ambard L. et Schmid F. — Du rôle biologique des sels de Calcium C. R. Soc. Biol., 1928, XCVIII, 1220.

André G. et Demoussy E. — Sur la répartition du potassium et du sodium chez les végétaux. *C. R. Ac. Sc. Paris*, 1927, 184. 1501.

Andreesen A. — Beiträge zur Kenntniss des Physiologie der Desmidiaceen. *Flora*, 1900, 99, 373.

Arrhenius O. — Dosage de l'acide phosphorique par la méthode au bleu de molybdène. *Arch. Suikerind*, 1927, 35, 903; signalé dans *Ann. Sc. Agron.*, 1928, 45, 156.

Artari A. — Untersuchungen über Entwickelung und Systematik einiger Protococcoideen. *Bull. Soc. Imp. Natur. Moscou*, 1892, n° 2. 222.

* **Artari A.** — Über die Entwickelung der grünen Algen etc. *Bull. Soc. Imp. Nat., Moscou*, 1899, 30.

Artari A. — Zur Ernährungsphysiologie der grünen Algen. *Ber. d. d. B. Ges.*, 1901, XIX, 7.

Artari A. 1902 a. — Zur Frage der physiologischen Rassen einiger grünen Algen. *Ibidem* 1902, 20, 172.

Artari A. 1902 b. — Über die Bildug des Chlorophylls durch grünen Algen. *Ibidem* 1902, 20, 201.

Artari A. — Der Einfluss der Konzentration der Nährlösungen auf die Entwickelung einiger grünen Algen, *J. f. wiss. Botan.*, 1904 40, 503.

Artari A. — Der Einfluss der Konzentration, etc., II. *Ibidem*, 1906, 43, 177.

Artari A. — Der Einfluss der Konzentration, etc., III. *Ibidem*, 1909, 46, 443.

Artari A. — Zur Physiologie der Chlamydomonaden, I. *Ibidem*, 1913, 52, 410.

Artari A. — Zur Physiologie der Chlamydomonaden, II. *Ibidem*. 1914, 53, 527.

Aso K. — Injurious action of acetates and formates on plants. *Bull. Coll. Agric. Tokyo*, 1900, 7, 13.

Bach D. — La nutrition azotée des Mucorinées. Assimilation des sels ammoniacaux. *C. R. Ac. Sc. Paris*, 1927, 184, 766.

Bachrach E. — Quelques observations sur la biologie des Diatomées. *C. R. Soc. Biol.*, 1927, XCVII, 689.

Bachrach E. et Lefèvre M. — Disparition de la carapace siliceuse chez les Diatomées. *C. R. Soc. Biol.*, 1928, XCVIII, 1510.

Bechwith G. H. — Iodine content of some Water supplies in goitrous Regions. Signalé dans *Amer. J. of Public Health*, 1928, 18, 940.

Behrens W. — Tabellen zum Gebrauch bei Mikroskopischen Arbeiten, 4ᵉ éd., 1908.

Belar K. — Untersuchungen über Thecamœben der Chlamydophrys Gruppe. *Arch. f. Protistenk.*, 1921, 43, 287.

Belar K. — Untersuchungen an Actinophrys sol, I, *Ibidem*, 1923, 46, 1.

Belar K. — Untersuchungen an Actinophrys sol, II. *Ibidem*, 1924, 48, 371.

Benecke W. — Ueber Kulturbedingungen einiger Algen. *Bot. Ztg.*, 1898, 56, 83.

Benecke W. — Die von der Cronesche Nährsalzlösung. *Zeitschr. f. Botan.*, 1909, I. 235.

Berliner E. — Flagellaten studien. *Arch. f. Protistenk.* 1909, 15, 297.

Berthelot A. — Remarques sur l'emploi des milieux synthétiques. *Ann. Inst. Pasteur*, 1926, 40, 440.

Bertrand G. et Benzou P. — La teneur en zinc des aliments végétaux. *C. R. Ac. Sc. Paris*, 1928, 187, 1008.

Bertrand G. et Medigreceanu F. — Sur la présence du manganèse dans la série animale. *Ibidem*, 1912, 155, 82.

Bertrand G. et Nakamura H. — Sur l'importance physiologique du nickel et du cobalt. *Ibidem*, 1927, 185, 321.

Bertrand G. et Nakamura H. — Sur l'importance du manganèse pour les animaux. *Ibidem*, 1928, 186, 1480.

Bertrand G. et Perietzeanu J., 1927 a. — Sur la présence du sodium chez les plantes. *Ibidem*, 1927, 184, 645 et *Bull. Soc. chim. France*, 1927, mai, n° 5, p. 709.

Bertrand G. et Perietzeanu J., 1927 b. — Sur les proportions relatives du potassium et du sodium chez les plantes. *C. R. Ac. Sc. Paris*, 1927, 184, 1616.

Bertrand G. et Rosenblatt M., 1928 a. — Sur la présence générale du sodium chez les plantes. *Ibidem*, 1928, 185, 200 et *Bull. Soc. chim. France*, 1928, 4ᵉ sér., XLIII, 368.

Bertrand G. et Rosenblatt M., 1928 b. — Le potassium et le sodium dans les Algues marines. *C. R. Ac. Sc. Paris*, 1928, 187, 266 et *Bull. Soc. chim. France*, 1928, 4ᵉ sér. XLIII, 1133.

Bertrand G. et Silberstein L. — Sur la teneur en soufre total de la terre arable. *C. R. Ac. Sc. Paris*, 1927, 184, 1388.

Bertrand G. et Silberstein L., 1928 a et b. — Sur la présence ordinaire du baryum et probablement du strontium dans la terre arable. *C. R. Ac. Sc. Paris*, 1928, 186, 335 et *Bull. Soc. Chim. France*, 1928, 4ᵉ sér. XLIII, 372.

Bertrand et Silberstein L., 1928 c et d. — Sur les proportions de baryum contenues dans la terre arable. *C. R. Ac. Sc. Paris*, 1928, 186, 477 et *Bull Soc. Chim. France*, 1928, 4ᵉ sér. XLIII, 478,

Bethge H. — Melosira und ihre Planktonbegleiter. *Pflanzenforsch. Kolkwitz*. H. 3. 1925.

Beijerinck M. W. — Kulturversuche mit Zoochlorellen, Lichengonidien und anderen niederen Algen. *Bot. Ztg.*, 1890, p. 725.

Beijerink M. W. — Cultures sur gélatine d'algues vertes unicellulaires. *Arch. néerl. Sc. exactes et nat.*, 1891, 24, 280.

Beijerink M. W. — Bericht über meine Kulturen niederer Algen auf Nährgelatin. *CBl. f. Bakt.*, 1893, 13, 368.

* **Beijerinck M. W.** — Notiz über Pleurococcus vulgaris. *ZBl. f. Bakt.* II Abt., 1898, IV, 785.

* **Beijerinck M. W.** — Les organismes anaérobies obligatoires ont-ils besoin d'oxygène libre ? *Ibidem*, 1900, VI, 341.

Beijerinck M. W. — Chlorella variegata, ein bunter Mikrobe. *Rec. Trav. Botan. Néerl.*, 1904, 1, 14.

Beijerinck M. W. — Mutation des Mikroben. *Folia microbiologica*, 1912, I, 1.

Bialosuknia W. — Sur un nouveau genre de Protococcacées. *Bull. J. Bot. Genève*, 1ʳᵉ sér., 1909, I, 101.

Bialosuknia W. — Recherches physiologiques sur une Algue le Diplosphaera Chodati. *Ibidem,* 1911, III, 13 et *Univ. de Genève, Inst. Botan.,* 1911, 8ᵉ sér., 14.

Bineau A. — Observations sur l'absorption de l'ammoniaque et des azotates par les végétations cryptogamiques. *Ann. Chimie et phys.,* 1851, 3ᵉ sér., 46, 60.

Boeck W. C. et Drbohlav J. — The cultivation of Entamœba histolytica. *Proc. Nat. Ac. of Sc.,* 1925, XI, 235, signalé dans *Amer. J. of Hyg.,* 1925, V, 271, et *Bull. Inst. Pasteur,* 1926, 24, 782.

Bojanovsky R. — Zweckmässige Neuerungen für die Herstellung eines Kieselsäurenährbodens, etc. *CBl. f. Bakt.,* II, 1925, 64, 222.

Bokorny Th. — Ueber die Einwirkung von Methylalkohol und anderen Alkoholen auf grüne Pflanzen und Mikroorganismen. *Ibidem,* 1911, 30, 53.

Boresch K. — Ein neuer die Cyanophyceenfarbe bestimmenden Faktor. *B. d. d. bot. Ges.,* 1920, 38, 286.

Boresch K. — Ein Fall von Eisenchlorose bei Cyanophyceen. *Arch. f. Protistenk,* 1921, 43, 485.

Bottomley W. B. — The effect of organic matter on the growth of various plants in culture solution. *Ann. of Bot.,* 1902, 34, 353.

Bouilhac R. — Influence de l'acide arsénique sur la végétation des Algues. *C. R. Ac. Sc. Paris,* 1894, 119, 929.

Bouilhac R. — Sur la fixation de l'azote atmosphérique par l'association des Algues et les Bactéries. *Ibidem,* 1896, 123, 828.

* **Bouilhac R.** — Recherches sur la végétation de quelques Algues d'eau douce. *Thèse Fac. Sc. Paris,* 1898.

Bouilhac R. — Sur la culture du Nostoc punctiforme en présence de glucose. *C. R. Ac. Sc. Paris,* 1897, 125, 880.

Bouilhac R. — Sur la végétation d'une plante verte à l'obscurité, le Nostoc punctiforme à l'obscurité absolue. *Ibidem,* 1898, 126, 1583.

Bouilhac R., 1901 a. — Sur la végétation du Nostoc punctiforme en présence de différents hydrates de carbone. *Ibidem,* 1901, 133, 55.

Bouilhac R., 1901 b. — Influence du méthylal sur la végétation de quelques Algues d'eau douce. *Ibidem,* 1901, 133, 751.

Bouilhac R. — Influence de l'aldéhyde formique sur la végétation quelques Algues d'eau douce. *Ibidem,* 1902, 135, 1309.

Boulard. — Sur un procédé permettant d'arrêter à volonté les fermentations, etc. *Ibidem*, 1926, 182, 1422.

Bourget P. — Sur l'absorption de l'iode par les végétaux. *Ibidem*, 1899, 129, 708.

Boutaric A. et Barrès F. — Sur l'immunité du granule dans les solutions colloïdes. *Ibidem*, 1928, 186, 1003.

Brieger F. — Über den Silicium Stoffwechsel der Diatomeen. *Ber. d. d. bot. Ges.* 1924, 42, 347.

Brioux Ch. et Pieu J. — Le besoin en chaux des sols acides. Réapparition lente de l'acidité après saturation par chaux. *C. R. Ac. de Paris,* 1927, 184, 1583.

Bristol M. — On the algal floral of some desiccated soils, an important factor in Biology. *Ann. of. Bot.* 1920, 34, 34.

Brunnthaler J. — Der Einfluss äusserer Faktoren auf Glœothece rupestris (Lyngb.) Born. *Sitz. ber. K. AK. W. Math. Nat. Kl.,* 1909, 118, 500.

Carpriau. — Etude de l'indice tampon. *Bull. Ass. Anc. Elèves Inst. Sup. Fermentation de Gand,* 1926, 27, 267.

Chalon J. — Notes de botanique expérimentale, 2ᵉ édit. Namur, 1901.

Charpentier P. G. (1903 a). — Alimentation azotée d'une Algue, le Cystococcus humicola. *Ann. Inst. Pasteur,* 1903, 17, 321.

Charpentier P. G. (1903 b). — Recherches sur la physiologie d'une Algue verte. *Ibidem*, 1903, 17, 369.

Chatton E. et Chatton M. — Sur les conditions nécessaires pour déterminer expérimentalement la conjugaison de l'Infusoire Glaucoma scintillans. *C. R. Ac. Sc. Paris,* 1927, 185, 400.

* **Chick H.** — A study of a unicellular green Alga, occuring in polluted water, etc. *Proc. Roy. Soc.,* 1903, 71, 458.

Chodat F. — La concentration en ions du sol. *Bull. Soc. Bot. Genève,* 1924. 2ᵉ *Sér.,* 16, 36.

Chodat F. — Sur la spécificité des Stichococcus du sol du Parc National. *C. R. Soc. Phys. et Hist. Nat. Genève,* 1928, vol. 45.

Chodat R. — Matériaux pour servir à l'histoire des Protococcacées. *Bull. Herb. Boissier,* 1894, II, 585.

* **Chodat R.** — Etudes de biologie lacustre. *Ibidem*, 1898, p. 289.

* **Chodat R.** — Cultures pures d'Algues vertes, de Cyanophycées et de Diatomacées. *Arch. Sc. Phys. et Hist. Nat., Genève*, 1904, vol. 65.

Chodat R. — Principes de Botanique. Genève, 1907.

Chodat R. — Etude critique et expérimentale sur le polymorphisme des Algues. *Genève-Bâle*, 1909.

Chodat R. — Monographie d'Algues en culture pure. *Matér. p. Flore Cryptog. Suisse.* 1913, IV, fasc. 2.

Chodat R. — Scenedesmus. Etude de génétique, de systématique expérimentale et d'hydrobiologie. *Rev. d'hydrologie*, 1926, 3, 71.

Chodat R. et Goldfluss M. — Note sur la culture des Cyanophycées et sur le développement d'Oscillatoriées coccogènes. *Bull. Herb. Boissier*, 1897, 5, p. 953.

Chodat R. et Grintzesco J. (1900 a). — Sur les méthodes de culture pure des Algues vertes. *Congr. Intern. Bot. Paris*, 1900, p. 157.

Chodat R. et Grintzesco J. (1900 b). — Cultures pures d'Algues. Protococcus. *C. R. Soc. Phys. et Hist. Nat. Genève*, 1900, 10, 386.

Chodat R. et Huber J. — Recherches expérimentales sur le Pediastrum Boryanum. *Bull. Soc. Bot. Suisse*, 1895, n° 5.

Chodat R. et Molinesco P. — Sur le polymorphisme du Scenedesmus acutus Meyen. *Bull. Herb. Boissier*, 1893, I, 184.

Clayton W. et Gibbs W. E. — Examination for halophilic microorganismus. *The analyst.* 1927, 52, 395.

Collison R. C. et Conn H. J. — The effect of straw on plant growth N. Y. St. Agric. Exp. Station. Techn. Bull. n° 114, 1925.

Combes R. (1912 a). — Sur les lignes verticales dessinées par le Chlorella vulgaris contre les parois des flacons de culture. *Bull. Soc. Bot. France*, 1912, p. 52.

Combes R. (1912 b). — Influence de l'éclairement sur le développement des Algues. *Ibidem*, 1912, p. 59.

Comère J. — De l'influence de la composition chimique du milieu sur la végétation de quelques Algues Chlorophycées. *Ibidem*, 1905, 52, 226.

Comère J. — Du rôle des alcaloïdes dans la nutrition des Algues. *Ibidem*, 1910, 57, 277.

Conrad W. — Révision des espèces indigènes et françaises du genre Trachelomonas Ehr. *Ann. Biol. lacustre*, 1913, 8, 193.

Cornec E. — Etudes spectroscopique des cendres de pantes marines. *C. R. Ac. Sc. Paris*, 1919.

* **Coward H.** — Synthèse de la vitamine A par une Algue d'eau douce. *Bioch. Journ.*, 1925, 19, 240 d'après *Bull. Soc. Chim. France*, vol. 40, 230.

Cunningham B. — A pure culture method for Diatoms. *Journ. Elis Mitch. Sc. Soc.* 1921, 36, 123.

Czurda V. — Ueber die Kultur von Konjugaten. *Lotos*, 1924, 72, 193.

Czurda V. (1926 a). — Die Reinkultur von Conjugaten. *Arch. f. Protist.* 1925, 53, 355.

Czurda V. (1926 b). — Wachstum und Stärkebildung einiger Konjugaten auf Kosten organisch gebundenen Kohlenstoffes. *Planta*, 1926, 1926, II, 67.

Dalcq A. — Une méthode nouvelle de parthénogénèse expérimentale *Bull. Soc. R. Sc. Mod. et Nat. Bruxelles*, 1924, p. 175.

Dangeard P. A. — Recherches sur les Eugléniens. *Le Botaniste*, 1901 8ᵉ sér., 97.

Dangeard P. A. — Observation sur une Algue cultivée à l'obscurité depuis huit ans. *C. R. Ac. Sc. Paris*, 1921, 172, 254.

Dangeard P., (1928 a). — Sur le dégagement d'iode libre chez les Algues marines. *Ibidem*, 1928, 186, 892.

Dangeard P., (1928 b). — Sur les conditions du dégagement de l'iode libre chez les Laminaires. *Ibidem*, 1928, 187, 899.

Dangeard P. (1928 c). — Sur l'iodovolatilisation et ses caractères chez les Algues septentrionales. *Ibidem*, 1928, 187, 899.

Demolon A. (1926 a). — Absorption et mobilisation de l'ion K dans les colloïdes argileux. *Ibidem*, 1926, 182, 1235.

Demolon A. (1926 b). — Les colloïdes argileux du sol. *Chimie et Industrie*, 1926, 16, oct., 553.

Demolon A. et Barbier G. — Application de la viscosimétric à l'étude de l'argile colloïdale. *C. R. Ac. Sc. Paris*, 1927, 185, 542.

Demolon A., Burgevin H. et Barbier G. — Les colloïdes argileux et les solutions des sels. *Ann. Sc. Agron.*, 1928, 45, 436.

Demolon A. et George M. — Sur la propriété tampon des sols et son mécanisme. *Ibidem*, 1927, 44, 250.

Denigès G. — Dosage très rapide de l'ion phosphorique dans les terres et les engrais par ceruleo-molybdimétrie *C. R. Ac. Sc. Paris*, 1928, 186, 1052 et 318.

Denis M. — L'optimum lumineux pour le développement du Stichococcus bacillaris Naeg. *Rev. Gen. Botan.*, 1920, 32, 72.

Denis M. — Revue des travaux parus sur les Algues de 1910 à 1920. *Ibidem*, 1925-1926, vol. 37 et 38.

Deschiens R. — Recherches sur la culture d'Entamœba dysenteriæ, etc. *C. R. Soc. Biol.*, 1927, XCVI, 1356.

Desgrez A. et Meunier J. — Recherche et dosage du strontium dans l'eau de mer. *C. R. Ac. Sc. Paris*, 1926, 183 689.

Devaux H. — Généralité de la fixation des métaux par la paroi cellulaire. *Ibidem*, 1901, 133, 58.

De Wildeman E. — Bibliographie. *J. Soc. R. Bot. Belgique*, 1913, 52, 243.

De Wildeman E. — A propos du thermotactisme des Euglènes. *Ann. de Protistologie*, 1928, I, 127.

De Zinža R. — Solutions nutritives à réaction stable pendant la période de végétation. *Landw. Versuchsst*, 1927, CV, 267, d'après *Rev. Intern. d'Agric.* Rome, 1928, 19, 548.

Dill O. — Die Gattung Chlamydomonas und ihre nächsten Verwandten. *Jahrb. f. wiss. Bot.*, 1896, 28, 323.

Döflein F. — Lehrbuch der Protozoenkunde. 1909.

Döflein F. — Untersuchungen über Chrysomonadinen III. *Arch. f. Protistenk*, 1923, 46, 285.

Donat A. — Zur Kenntnis der Desmidiaceen des Norddeutsches Flachlandes. *Kolkwitz Planzenforsch.*, 1926 H. 5.

Dop P. et Gautié A. — *Manuel de technique botanique*. Paris. 1909.

Drzewina A. et Bohn G. — Influence des parois des vases sur les réactions des animaux. *C. R. Ac. Sc. Paris*, 1927, 185, 875.

Dubrisay R. et Bravard J. — Influence des matières absorbantes sur les équilibres chimiques de solution. *Ibidem*, 1927, 185, 385.

Dubrisay R. et Desbrousses F. — Action de l'acide phosphorique sur le calcaire en présence d'argile et de matières pulvérentes. *Ibidem*, 1927, 185, 1036.

Duflocq M. P. et Lejonne P. — La culture des organismes inférieurs dans l'eau de mer diversément modifiée. *Ibidem*, 1898, 127, 725.

Dumont J. et Ganossis B. — Sur la défloculation et la plasmolyse des enduits terreux. *Ibidem*, 1927, 185, 1300.

Effront J. — Contribution à l'étude du pouvoir absorbant des tissus végétaux. *Ann. Soc. de Zymologie*, 1926, 1, 54, et *Ann. Soc. R. Sc. médic. et nat. de Bruxelles*, 1926, n° 4, et *Chimie et Industrie*, 1927.

Esmarch F. — Beiträge zur Cyanophyceenflora unserer Kolonien. *Jahrb. d. Hamburg. W. Anst.*, 1911, 28, 63.

Esmarch F. — Untersuchungen über die Verbreitung der Cyanophyceen auf und in verschiedenen Böden. *Hedwigia*, 1914, 55, 224.

Etard A. et Bouilhac R. — Présence de chlorophylle dans un Nostoc cultivé à l'abri de la lumière. *C. R. Ac. Sc. Paris*, 1898, 127, 119.

Famintzin A. (1871 a.). — Die anorganische Salze als ausgezeichnetes Hilfsmittel zum Studium der Entwickelungsgeschichte der niederen Pflanzenformen. *Bot. Ztg.*, 1871, 74, 781.

Famintzin A. (1871 b). — Die anorganische Salze als Hilfsmittel zum Studium der Entwickelung niederen chlorophyllhaltiger Organismen. *Mél. biol.* St-Pétersbourg, 1871, 8, 226.

Feigl F. — Sur la recherche du magnésium au moyen de la diphénylcarbazide. Signalé par *Ann. Sc. Agron.*, 1928, 45, 263.

Fischer Ed. — Rapport entre le pouvoir réducteur de l'eau de mer et la répartition des organismes du littoral. *C. R. Ac. Sc. Paris*, 1927, 185, 1525.

Flint C. F. — The microdetermination of nitrate in soil solutions and extracts. *J. Soc. of Chem. Industry*, 1927, 46, 379 T.

Foster G. L. — Indications regarding the source of combined nitrogen for Ulva lactuca. *Ann. Miss. Botan. Gard.*, 1914, I, 229.

Frank-Th. — Kultur und chemisch Reizerscheinungen der Chlamydomonas tingens. *Bot. Ztg.*, 1904, 62, 153.

Freund H. — Neue Versuche über die Wirkungen der Aussenwelt auf die ungeschlechtiche Fortpflanung. *Flora*, 1908, 98, 41.

* **Freund H.** — Die Abhängigkeit der Zelldimensionen von Aussenbedingungen. Versuche mit Oedogonium pluviale. *Ber. d. d. bot. Ges.*, 1923, 41, 245, signalé dans *Rev. Algologique*, 1924, I, 343.

Fritsch F. E. (1922 a). — The moisture relations of terrestrial Algae. I. Some general observations and experiments. *Ann. of. Bot.*, 1922, 36, 1.

Fritsch F. E. (1922 b). — The terrestrial Alga. *J. of Ecology*, 1922, 10, 220.

Fritsch F. E. et Haines F. M. — The moisture relations of terrestrial Algae. II, The changes during exposure to drought and treatment with hypertonic solutions. *Ann. of Bot.*, 1923, 37, 683.

Fromageot Cl. — Sur les écarts que peut présenter la concentration en ions H + du sol en des points très voisins. *C. R. Ac. Sc. Paris*, 1928, 186, 787.

Frouin A. et Guillaumie M. — Culture du Bacille tuberculeux sur milieux synthétiques, etc. *Ann. Inst. Pasteur*, 1928, 42, 667.

Gain L. — La Flore algologique des régions antarctiques et subantarctiques. *Deuxième Expédition Antarctique Française* (1908-1910). Ed. Masson.

Ganosin B. — Sur la défloculation et la plasmolyse des enduits terreux. *C. R. Ac. Sc. Paris*, 1928, 186, 1234.

Gauthier-Lièvre H. — Quelques observations sur la flore algale de l'Algérie dans ses rapports avec le pH. *Ibidem*, 1925, 181, 927.

Gauthier A. (1899 a). — Présence de l'iode en proportions notables dans les végétaux à chlorophylle de la classe des Algues et dans les sulfuraires. *Ibidem*, 1899, 129, 189.

Gauthier A. (1899 b). — Examen de l'eau de mer puisée à différentes profondeurs ; variations de ses composés iodés. *Ibidem*, 1899, 129, 9.

Geitler L. — Kleinere mitteilungen über Blaualgen. *Oest. Bot. Ztschr.* 1921, 70, 158.

Geitler L. — Cyanophyceae. Dans *Süsswasser flora Deutschlands, etc.* H. 12, 1925.

Gemeinhardt K. — Die Gattung Synedra in systematischer, zytologischer und oekologischer Beziehung, *Kolkwitz Pflanzenforsch.* H. 6. 1926.

Genevois L. — Recherches sur la symbiose entre Zoochlorelles et Turbellariés rhabdocèles. *Thèse Facult. Sc. Paris*, n° 240, 1924.

Genevois L. — Coloration vitale et respiration *Protoplasma*, 1928, IV, 67.

Gerneck R. — Zur Kenntnis der niederen Chlorophyceen. *Beih. z. bot. Zentralbl.*, 1907, 21, 221.

Gilbert B. E. — Emploi de quelques méthodes colorimétriques pour la détermination des nitrates, phosphates et du potassium dans les solutions des plantes. Signalé *Ann. Sc. Agron.*, 1928, 45, 159.

Glade R. — Zur Kenntnis der Gattung Cylindrospermum. *Beitr. z. Biol. d. Pflanzen*, 1914, 12, 295.

Glinka K. — Recherches sur l'acidité du sol dans les environs de Leningrad. *Ann. of St. Inst. of Experimental Agronomy*, 1925. III, n° 1.

Goetsch W. et Scheuring L. — Parasitismus und Symbiose der Algengattung Chlorella. Signalé *CBl. f. Bakt.* II, 1927, 70, 510.

Grintzesco J. — Recherches expérimentales sur la morphologie de Scenedesmus acutus Meyer. *Bull. Herb. Boissier*, 1902, 2, 210.

Grintzesco J. — Contributions à l'étude des Protococcales. Chlorella vulgaris Beijer. *Rev. gén. de Botan.*, 1903, 15, 1.

Grossmann E. — Zellenvermehrung und Koloniebildung bei einigen Scenedesmus acutus Meyen. *Bull. Herb. Boissier*, 1902, 2, 210.

Hansten B. — Ueber das Verhalten der Kulturpflanzen zu den Bodensalzen. *J. f wiss. Botan.*, 1910, 47, 289.

Grossmann E. — Zellenvermehrung und Koloniebildung bei einigen Scenedesma. *Ztsch. f. Botan.*, 1917, 9, 145.

Harder R. — Ueber die Bedeutung von Lichtintensität und Wellenlänge für die Assimilation farbiger Algen. *Ibidem*, 1923, 15, 305.

Hargue (Mac) J. S. — Significance of the occurence of manganese, copper, zinc, nickel and cobalt in Kentucky Bluegrass (Poa pratensis) signalé dans *Rev. Intern. Agric.* Rome, 1927, 18, T, 260.

Hartmann M. — Untersuchungen über die Morphologie und Physiologie des Formwechsels der Phytomonadinen II. *Sitz ber. d. Kgl. Pr. Ak. Wiss.*, 1917, 5², 760.

Hartmann M. — *Idem*, II, Ueber die Kern und Zellteilung von Chlorogonium elongatum (Dong.) Francé. *Arch. f. Protistenk.*, 1918, 39, 1.

Hartmann M. — Die dauernd agame. Zucht von Eudorina elegans, etc. *Ibidem*, 1921, 43, 223.

Hartmann M. — Ueber die Veränderung der Koloniebildung von Eudorina elegans und Gonium pectorale unter den Einfluss äusserer Bedingungen. *Ibidem*, 1924, 49, 375.

Harvey H. W. — The action of poisons upon Chlamydomonas and vegetable cells. *Ann. of Bot.*, 1909, 23, 181.

* **Hedlung T.** — *Svenska Vetenskeps Akad Handlingar*, 1899, p. 509.

Hoffmann-Grobéty A. — Contribution à l'étude des Algues unicellulaires en culture pure. *Bull. Soc. bot. Genève*, 1912, 2ᵉ sér., IV, 73.

Hollande A. Ch. et Crémieux G. — Le pouvoir toxique des matières colorantes d'aniline vis à vis des microbes. *C. R. Soc. Biol.*, 1928, XCIX, 542.

* **Hood C. L.** — The zoochlorellae of Frontonia leucas. *Biol. Bull. marine Biol. Labor. Woods Hole, Mass*, 1927, 52, 79.

Huff N. L. — Response of microorganismus to copper sulphate treatment. *Minesota Botan. Studies*, 1916, IV, 407.

Hustedt T. — Die Kieselalgen, 1927.

Jaag O. — Nouvelles recherches sur les gonidies des Lichens. *Soc. Phys. et Hist. Natur. Genève*, 1928, XLVI.

Jacobsen H. C. — Kulturversuche mit einigen niederen Volvocaceen. *Ztsch f. Bot.*, 1910, 11, 195.

Jacobsen H. C. — Die Kulturbedingungen von Haematococcus pluvialis. *Folia mikrobiologica*, 1913, I, 163.

Jollos V. — Experimentelle Protistenstudien. I. *Archiv. f. protistenk.* 1921, 43, 1.

Jones L. H. et Shive J. W. — Influence of Ammonium sulphate on Plant growth in nutrient solution and its effect on Hydrogen ion concentration and iron availability. *Ann. of Bot.*, 1923, 37, 355.

Juliard A. — La théorie des photons en photochimie. *Ann. et Bull. de la Soc. R. de sciences méd. et natur. de Bruxelles*, 1928, p. 101.

Karsten G. — Diatomeen der Kielerbucht.

Killian Ch. — Le cycle évolutif de Gloeodinium montanum Kl. *Arch. f. Protist.*, 1924, 50, 50.

Klebs G. — Die Bedingungen der Fortpflanzung bei einigen Algen und Pilzen. 1896.

Knoke F. — Die Abhängigkeit der Entwicklung der Volvox aureus von äusseren Bedingungen. *Bot. Arch.*, 1924, 6, 405.

Kolbe R. W. — Zur Oekologie, Morphologie und Systematik der brackwasser Diatomeen. Die Kieselalgen des Sperenberger Salz gebietes. *Kolkwitz. Pflanzénforsch.* H. 7, 1927.

Kolkwitz und Marsson. — Oekologie der pflanzlichen Saprobien. *Ber. d. d. bol. Ges.*, 1908, 26 a, 505.

* **Konokotine A.** — Sur les cultures pures d'amibes de la terre et de levures. Signalé dans *Bull. Insl. Pasteur*, 1927, 25, 586.

Korinek J. — Ein Beitrag zur Mikrobiologie des Meeres. *C Bl. f. Bokt.* II, 1927, 71, 73.

Korniloff M. — Expériences sur les gonidies des Cladonia pyxidata et Cl. furcata. *Bull. soc. bol de Genève*, 1913, 2° sér. V, 114.

Krüger W. — Beiträge zur Kenntnis des Organismen des Saftflusses der Laubbäume. *Beilr. z. Phys. u. morph. nied. organ.*, 1894, 4, 61.

Kufferath H. — Notes sur la physiologie et la morphologie de Porphyridium cruentum Naeg. *Bull. Soc. R. bol. Belgique*, 1812, 52, 286.

Kufferath H. — Contribution à la physiologie d'une Protococcacée nouvelle Chlorella luteo-viridis Ch. nov. spec. var. lutescens Chodat, nov. var. *Rec. Inst. Botan. Leo Errera*, 1913, IX, 113.

Kufferath H. (1914 a). — Contribution à l'étude de la flore algologique du Luxembourg méridional. I Desmidiées. *Bull. Soc. R. bol. Belgique*, 1914, 53, 88.

Kufferath H. (1914 b). — *Idem.*, II, Chlorophycées, Flagellates et Cyanophycées. *Ann. Biol. lacustre*, 1914, VIII, 231.

Kufferath H. (1914 c). — *Idem.*, III. Diatomées et conclusions. *Ibidem*, 1914, VII, 359.

Kufferath H. (1914 d). — Notes sur la flore algologique du Luxembourg septentrional. *Ibidem*, 1914, VII, 272.

Kufferath H. (1919 a). — Essais de culture des Algues monocellulaires des eaux saumâtres. *Ibidem*, 1919, IX.

Kufferath H. (1919 b). — Notes sur la forme des colonies de Diatomées et autres Algues cultivées sur milieu nutritif gélosé. *Ibidem*, 1919, IX.

Kufferath H. (1920 a). — Observations sur la morphologie et la physiologie de Porphyridium cruentum Naeg. *Rec. Inst. Bot. Leo Errera*, 1920, X, 1.

Kufferath H. (1920 b). — Recherches physiologiques sur les Algues vertes cultivées en culture pure I. Action de la gélatine en forte concentration. *Bull. Soc. R. botan. Belgique*, 1920, 54, 49.

Kufferath H. (1920 d). — Bacterium Puttemansi K. nov. spec. *Ibiosmotiques*. *Ibidem*, 1920, 54, 78.

Kufferath H. (1920 d). — Bacteridum Puttemansi K. nov. spec. *Ibidem*, 1920, 54, 190.

Kuster E. — *Anleitung zur Kultur der Mikroorganismen*, 1ᵐᵉ éd., 1907; 2ᵉ éd., 1913.

Kuwada Y. — Some pecularities observed in the culture of Chlamydomonas *Bot. Magaz.*, 1916, 30, 347.

Lapicque L. — Variations saisonnières dans la composition chimique des Algues marines. *C. R. Ac. Sc. Paris*, 1919, 169, 1426.

Lemmermann E. — Algen I. Dans *Kryptog. flora der Mark Brandenburg*, 1910.

Lemmermann E. und Brunnthaler J. — Chlorophyceae Dans *Süsswassfl. Deutschland*, etc. H. 5, 1915.

Letellier A. — Etude de quelques gonidies de Lichens. *Bull. Soc. bot. Genève*, 1917, 2ᵉ sér. IX, 373.

Lilienstern M. — Physiologisch-morphologische Untersuchung en ueber Marchantia polymorpha in Reinkultur. *Ber. d. d. Bot. Ges.*, 1927, XLV, 447, d'après *Bull. Inst. Pasteur*, 1928, 26, 290.

* **Limberger A.** — Ueber eine Reinkultur des Zoochlorella aus Euspongilla lacustris und Castrada viridis. *Anz. Kgl. Ak. Wiss. Math. Kl.* 1918, signalé par Genevois (1924).

Linkola K. — Kultur mit Nostoc-Gonidien der Peltigera Arten. *Ann. Soc. Zool. bot. Fennica*, 1920, 1, 1.

Linow C. W. and Peterson W. H. — Teneur en manganèse des plantes et des matières animales. *Biol. Chem.*, 1927, 75, 169. signalé par *Analyst*, 1928, 53, 43, et *Ann. Sc. Agronom.*, 1928, 45, 195.

Lipman Ch. B. — The bacterial flora of serpentine soils. *J. of Bacteriology*, 1926, 12, 315.

Lipman C. B. — The concentration of sea-water as affecting its bacterial population. *Ibidem*, 1926, 12, 311.

Livingston B. E. — On the nature of the stimulers which causes the change of form in polymorphic green-algae. *Botanical Gaz.*, 1900, 30, 289.

Livingston E. B. — Further notes on the physiology of polymorphism
in green algae. *Ibidem*, 1901, 32, 292.

Livingston B. E. (1905 a). — Notes on the physiology of Stigeoclonium.
Ibidem, 1905, 39, 297.

Livingston B. E. (1905 b). — Chemical stimulation of a green alga.
Bull. Torrey Bot. Club, 1905, 32, 1.

* **Livingston B. E.** — A new method for cultures of Algae and Mos-
ses. *Plant world*, 1908, 11, 183.

Loeb J. — Le dynamisme des phénomènes de la vie. Alcan, 1908.

Lœw O. — Note on balanced solution. *Bot. Gaz.*, 1908, 46, 302.

Lutz L. — Recherches sur la nutrition des végétaux à l'aide de substances azotées de nature organique (amides, sels d'ammonium
composés et alcaloïdes). *Thèse*, Paris, 1898.

Lutz L. — Recherches sur l'emploi de l'hydroxylamine comme source
d'azote pour les végétaux. *C. R. Congrès Soc. savantes Paris
Sciences*, 1899, p. 130.

Lutz L. — Recherches sur la nutrition des Thallophytes à l'aide des
nitrites. *Ibidem*, 1900, p. 151.

Lutz L. — Recherches sur la nutrition des Thallophytes à l'aide des
amides. *Bull. Soc. bot. France*, 1901, 48, 325.

Lutz L. — Sur l'action exercée sur les végétaux par les composés
azotés organiques à noyau benzénique. *C. R. Congrès Soc. savantes*, 1902, Sciences, p. 65.

Lutz L. — Sur l'emploi des substances organiques comme sources
d'azote pour les végétaux vasculaires et cellulaires. *Bull. Soc. bot.
France*, 1905, 52, 104.

Lwoff A. — La nutrition des Infusoires aux dépens de substances
dissoutes. *C. R. Soc. Biol.*, 1925, XCIII, 1272.

Macchiati L. (1829 a). — Communicazione preventiva sulla cultura
delle Diatomee. *Atti d. Soc. natur. moderna*, 1892, Ser. III, XI.

Macchiati L. (1892 b). — Secunda communicazione sulla coltura delle
Diatomée. *Bull. Soc. bot. Italiana*, 1892, p. 331.

Mac Callum E. V., Rusk O. S. and Becker J. E. — The role of aluminium compounds in animal and plant physiology. *J. Biol. chem.*,
1928, 77, 753, signalé par *Amer. J. Publ. Health.*, 1928, 18, 1183.

Maertens H. — Das Wachstum der Blaualgen in mineralischen Lösungen. *Beitr. z. Biol. Pfanzen,* 1914, 12, 439.

Magnus W. und Schindler B. — Ueber den Einfluss der Nährsalze auf die Färbung der Oscillarien. *Ber. d. D. Bot. Ges.,* 1912, 30, 316.

* **Mainx F.** — Kultur und Physiologie einiger Euglena Arten. *Lotos,* 1924, 72, 239.

Mainx F. — Untersuchungen über Ernährung und Zellteilung bei Eremosphaera viridis De Bary. *Arch. f. Protist.,* 1927, 57, 1.

Malvezin Ph. — Sur la possibilité de préserver les vins des fermentations secondaires au moyen de vaccins, etc. *Bull. Soc. chim. France,* 1927, n° 5, p. 713.

Malychef V. — Sur les sols podzoliques du Nord-Ouest de la Tunisie *C. R. Ac. Sc.,* Paris, 1927, 184, 466.

Marchal El. et Em. — Aposporie et sexualité chez les Mousses. 1. *Bull. Ac. R. de Belgique* (Cl. Sciences), 1907 p. 765. — 11. *Ibidem,* 1909, p. 1249. —. 111. *Ibidem,* 1911, p. 750. — Mémoires couronnés Cl. Sciences *Ac. R. Belgique,* 2e Ser. coll. in-8°, T. 1. A la page 9 formule de liquide nutritif pour les Mousses.

* **Marsch R. P.** — Comparaison of iron from some organic compounds as an essential constituent of nutrient media for plants. *Ann. Rep. N. Jersey Agr. Exp. Station,* 1924, 43, 399.

Massart J. (1889 a). — Les études de W. Pfeffer sur la sensibilité des végétaux aux substances chimiques. — (1889 b). Sensibilité et adaptation des organismes à la concentration des solutions salines. *Arch. de Biologie,* 1889, 9, 515.

Massart J. (1891 a). — La sensibilité à la concentration chez les êtres unicellulaires marins. *Bull. Ac. R. Belgique,* 1891, 3e sér. T. 22, 148.

Massart J. (1891 b). — La sensibilité à la gravitation. *Ibidem,* p. 158.

Massart J. (1891 c). — Essai de classification des réflexes non nerveux. *Ann. Inst. Pasteur,* 1901.

Massart J. — Collection de cartes, schémas, profils, coupes, tableaux, etc. 111e Congrès Intern. de Botanique. Bruxelles, 1910.

Massart J. — Eléments de Biologie générale et de botanique. Vol. I, 1921 ; vol. II, 1923.

Matruchot et Molliard. — Variations de structure d'une Algues verte. Stichococcus bacillaris Naeg. sous l'influence du milieu. *Rev. gé-*

nér. de Botanique, 1902, 14, 113 à 254, et *C. R. Ac. Sc.*, Paris, 1900, 131, 1248.

Maume L. et Dulac J. (1927 a). — Minimum de toxicité d'un mélange de deux sels à l'égard des végétaux. *C. R. Ac. Sc. Paris*, 1927, 184, 1081.

Maume L. et Dulac J. (1927 b). — Variation du pouvoir antitoxique en fonction de l'ionisation. *Ibidem*, 1927, 184, 1104.

Mazé P. — Recherches de physiologie végétale IV. *Ann. Inst. Pasteur*, 1014, 28, 21.

Mazé P. — Recherche d'une solution purement minérale capable d'assurer l'évolution complète du maïs cultivé à l'abri des microbes. *Ibidem*, 1910, 33, 139.

Mazé P. — La nutrition minérale de la cellule vivante et les vitamines, la nutrition minérale et la résistance naturelle des végétaux et des animaux aux maladies infectieuses. *Ibidem*, 1927, 41, 948.

Mazé P. et Perrier. — Recherches sur l'assimilation de quelques substances ternaires par les végétaux à chlorophylle. *Ibidem*, 1904, p. 721.

Meinhold Th. — Beiträge zur Physiologie der Diatomeen. *Beitr. z. Biol. d. Pflanzen*, 1911, X, 353.

Meister F. — Die Kieselalgen der Schweiz. *Matériaux pour la Flore cryptogamique Suisse*, 1912, vol. IV.

Mendeleef P. — Influence des ions métalliques sur la croissance des tissus embryonnaires in vitro et in vivo. *Ann. et Bull. Soc. R. Sc. méd. et natur. Bruxelles*, 1924, p. 104.

Mendrecka S. — Etude sur les Algues saprophytes. *Bull. Soc. bot. Genève*, 1913, 2ᵉ sér. V, 150.

Messikommer E. — Biologische Studien im Torfmoor von Robenhausen. Thèse. Zurich, 1927.

Migula W. — Ueber den Einfluss stark verdünnter Säurelösungen auf Algenzellen. Thèse. Breslau, 1888.

Miquel P. — De la culture artificielle des Diatomées. *Le Diatomiste*, 1890-1892.

Miquel P. (1892 a). — De la culture artificielle des Diatomées. *C. R. Ac. Sc.* Paris, 1892, CXIV, 780.

Miquel P. (1892 b). — Recherches expérimentales sur la physiologie, la morphologie et la pathologie des Diatomées. *Ann. de micrographie*, 1892, 1893 à 1898, et le *Micrographe préparateur*, 1903, 1904.

* **Molish H.** — Zur Ernährung der Algen (Süsswasser algen). *Sitzber. de K. Ak. Wiss. Math. n. Kl.* Abt I, 1896, 104, 783, Abt II, vol. 105, 634.

* **Moore G. T.** — Methods for growing pure cultures of Algae. *J. applied Microsc.*, 1903, 6, 2309.

Moore G. T. et Carter N. — Algae from Lakes in the North Eastern Part of North Dakota. *Ann. Missouri Botan. Garden*, 1923, 10, 393.

Moore G. T. et Carter N. — Further studies on the subterraneous algal flora of the Missouri botanical garden. *Ibidem*, 1926, 13, 101.

Moore G. T. et Karrer J. L. — A subterranean algal Flora. *Ibidem*, 1919, 6, 281.

Moréa L. — Influence de la concentration en ions H sur la culture de quelques Infusoires. *C. R. Soc. Biol.*, 1927, XCVII, 40.

Muenscher W. C. — Protein synthesis in Chlorella. *Bot. Gaz.*, 1923, 75, 245, d'après *Rev. algologique*, 1924, I, 349.

Nadson G. (1927 a). — Les Algues perforantes de la mer Noire *C. R. Ac. Sc.* Paris, 1927, 184, 896.

Nadson G. (1927 b). — Les Algues perforantes leur distribution et leur rôle dans la nature. *Ibidem*, 1927, 184, 1015.

Nakano H. — Untersuchungen über die Entwickelungs-und Ernährungsphysiologie einiger Chloéophyceen. *Imp., Univ. Tokyo, coll. Sc. Journ.*, 1917, 40^2, 1.

Nau A. — Dosage volumétrique du Sodium. *Ann. chim. anal. et appliquée*, 1927, 2ᵉ sér., 9, 169.

Nemec A. et Gracanin M. — Influence de la lumière sur l'absorption de l'acide phosphorique et du potassium par les plantes. *C. R. Ac. Sc. Paris*, 1928, 182, 806.

* **Noll.** — Ueber die Kultur von Meeresalgen in Aquarium. *Flora*, 1892, 50, 281.

Pereira F. — Spectrochimie des eaux minérales portugaises ; l'eau du Gerez. *C. R. Ac. Sc. Paris*, 1928, 186, 1366.

Oehler R. — Gereinigte Zucht von freilebenden Amoeben, Flagellaten und Ciliaten. *Arch. f. Protist.*, 1924, 40, 287.

* **Ogata.** — Ueber Reinkulturen gewisser Protozoen. *CtBl. f. Bakt.*, 1893, 14, 165.

Olsen C. and Linderstrœm Lang K. — On the accuracy of the various methods of measuring concentration of hydrogen ions in soils. *C. R. Labor. Carlsberg.* 1927, 17, 1.

Oltmanns F. — Morphologie und biologie des Algen, Vol. II, 1905.

Omeliansky W. — Bouillon de formiate de Na comme milieu pour le diagnostic différenciel des microbes. *CBt. f. Bakt., II*, 1905, 14, 673.

Ono N. — Ueber die Wachsthumbeschleunigung einiger Algen und Pilze durch chemische Reize. *J. coll. Sc. Imp. Univ. Tokyo*, 1900, 13, 141 et *Bot. Mag. Tokyo*, 1900, 14, 75.

Osterhout W. J. W. — On the importance of physiologically balanced solutions for plants. *Univ. Calif. public. Botan.*, 1906, 2, 231.

Osterhout W. J. W. — On nutrient and balanced solutions. *Ibidem*, 1907, 2, 317.

Osterhout W. J. W. — The protective effect of sodium on plants. *Jahrb. f. wiss. Botan*, 1908, 7, 121.

Palladine V. — Physiologie des plantes. Paris, 1902.

Palladine W. — Ueber normale und intramolekulare Atmung der einzellige Alge Chlorothecium saccharophilum. *CBt. f. Bakt.* II. 1903, 11, 146.

Pascher A. — Heerokóntae, etc., dans *Süsswaserfl. Deutschlands, etc.*, H., 11, 1925.

Pascher A. — Volvocales. *Ibidem*. H. 4, 1927.

* **Peach E. A. and Drummond J. C.** — On the culture of the marine Diatom Nitzschia Closterium f. minutissima in artificial seawater. *Biochem. Journ.* 1924, 18, 464.

Pearsall W. H. — A theory of Diatom periodicity. *J. of Ecology*, 1923, 1923, 11, 2 d'après *Rev. Algologique* 1924, 1, 90.

Pearsall W. H. — Phytoplankton and environment in the English lake District. *Rev. Algologique* 1924, I, 52.

Peebles F. — The life-history of Sphaerella lacustris (Haematococcus pluvialis) with special reference to the nature and behavior of zoospores. *CBt. f. Bakt,* II, 1909, 24, 511.

Perrin M. et Colson P. — Technique et applications pratiques de l'étude cristallographique des eaux naturelles. *C. R. Soc. Biol.,* 1927, XCVII, 579.

Petersen J. B. — Studier over Danske aerofile Algen. *Mém. Ac. R. Sc. et L. Danemark, Copenhague,* 1915, 7e sér. *Sect. Sc.,* I. XII, p. 272.

Petersen J. B. — The aerial Algae of Iceland. *The Botany of Iceland,* 1928, vol. II.

Pfeffer W. — Physiologie végétale (trad. Friedel), Paris, 1906.

Philibert A. et Risler J. — Action bactéricide des colorants. *C. R. Ac. Sc. Paris,* 1928, 186, 1583.

Philipson C. — A study on the influence of the ratio between sodium and calcium in a very dilute nutrient solution upon the growth of Svalöfs Dola Oats. *Svensk. bot. Tidskr.* 1924, 18, 343, d'après *Ztsch. f. Botan.* 1925, 17, 312.

Pien J. — De l'influence de la cyanamide calcique sur la réaction du sol. *C. R. Ac. Sc. Paris,* 1927, 185, 220.

* **Plümecke O.** — Beiträge zur Ernährungsphysiologie der Volvocaceen Gonium pectorale als Wasserblüthe. *Ber. d. D. bot. Ges.,* 1914, 52, 131.

Prat S. — The culture of calcareous Cyanophyceae. *St. Plant. Physiol. Lab. Charles Univ. Prague,* 1925, 3, 86.

Prat S. — Sédimentation des tufs et des travertins calcaires. *C. R. Soc. Biol.,* 1927, XCVII, 1762.

Prenant M. — Recherches sur le calcaire chez les êtres vivants. *Ann. d. Physiol. et Physicoch. biol.,* 1927, p. 818, d'après *Ann. Sc. Agron.,* 1928, 45, 166.

Prianischnikow D. — Ueber physiologische Azidität von Ammoniumnitrat. *Bioch. Ztsch.,* 1927, 182, 204, d'après *CBl. f. Bakt. II,* 1927, 72, 322.

Pringsheim E. G. — Die Kultur von Algen in Agar. *Beitr. z. Biol. d. Pflanzen,* 1912, 11, 305.

Pringsheim E. G. (1913 a). — Zur Physiologie der Euglena gracilis. *Ibidem,* 1913, 12, 1.

Pringsheim E. G. (1913 b). — Zur Physiologie der Schizophyceen. *Ibidem,* 1913, 12, 49.

Pringsheim E. G. — Die Ernährung von Haematococcus pluvialis Flot. *Ibidem,* 1914, 12, 413.

Pringsheim E. G. — Die Kultur der Desmidiaceen. *Ber. d. D. bot. Ges.*, 1918, 20, 482.

Pringsheim E. G. (1921 a). — Zur Physiologie farbloser Flagellaten. *Beitr. f. allg. Botan.*, 1921, II, d'après *Arch. f. Protist*, 1922, 44, 145.

* **Pringsheim E. G.** (1921 b). — Physiologische Studien an Moosen I. *Jahrb. f. wiss. Botan.*, 1921, 60, 499.

Pringsheim E. G. — Kulturversuche mit chlorophyllführenden Mikroorganismen V. *Beitr. z. Biol. d. Pfl.*, 1926, 14, 282.

Radais M. (1900 a). — Sur la culture pure d'une Algue verte; formation de chlorophylle à l'obscurité. *C. R. Ac. Sc. Paris*, 1900, 130, 793.

Radais M. (1900 b). — Sur la culture des Algues à l'état de pureté. *Congrès Intern. Botan. Paris*, 1900, p. 163.

Raulin. — Etudes chimiques sur la végétation. *Ann. des Sc. natur.*, 1869, ser. 5. Botan. vol. 9.

Ravin P. — Nutrition carbonée des plantes à l'aide des acides organiques libres et combinés. *Ibidem*, 1914, sér. 9, vol. 18.

Rayss T. — Le Coelastrum proboscideum Bohl. Etude de planctologie expérimentale. *Mat. Flore Cryptog. Suisse*, 1915, V, 2.

Reed H. S. — The value of certain nutritive elements to the plant cell. *Ann. of Bot.*, 1907, 21, 501.

Reed H. S. and Hass A. R. C. — Iron supply in nutrient medium. *Bot. Gazette*, 1924, 77, 290.

Reinke J. — Die zur Ernährung der Meeresorganismen disponiblen Quellen an Stickstoff. *Ber. d. D. bot. Ges.*, 1903, 21, 371.

Report of the stone preservation Committee. — Department of. scientific and industrial Research. Londres. Signalé dans *The Analyst*, 1927, 52, 645.

Richter A. — Ueber die Anpassung der Süsswasseralgen an Kochsalzlösungen. Flora, 1892, 75, 1.

Richter O. — Reinkulturen von Diatomeen. *Ber. d. D. bot. Ges.*, 1903, 21, 493.

Richter O. — Zur Physiologie der Diatomeen I. *Sitzber. K. Akad. W. Wien, math. natur. Kl.*, 1906, 115, Abt. 1; 27.

Richter O. (1909 a). — Zur Physiologie des Diatomeen II. *Denksch. d. math. natur. Kl. d. K. Akad. Wien*, 1909, 84, 666.

Richter O. (1909 b). — Zur Physiologie der Diatomeen III, *Sitzber K. Akad. W., Wien, math.-natur Kl.*, 7909, 118, Abt. 1, 1337.

Richter O. — Die Ernährung der Algen. Monographie zur *Intern. Rev. d. ges. Hydrobiologie und Hydrographie*, vol. 2, 1911.

Richter O. — Die Reinkultur und die durch sie erzielten Fortschritte, vornehmlich auf botanischen Gebiete. *Progr. Rei botan.*, 1913, 4, 303.

Risler J., Philibert A. et Courtier J. — Action photobiologique des rayonnements. *C. R. Ac. Sc. Paris*, 1928, 186, 1152.

* **Roach B.** — Physiological studies of soil Algae. *Brit. Ass. Adv. Sc.*, 1923, 489, 1924.

Robbins W. W. — Algae in some Colorado soils. *Agric. Exp. Stat., Colorado Agric. Coll. Bull.* 184, 192, p. 24.

Sachs. — Vorlesungen.

* **Sakamura T.** — Ueber die Selbstvergiftung der Spirogyren im destillierten Wasser. *The botan. Magaz. Tokyo*, 1922, 36, 133, d'après *Arch. f. Protist.*, 1924, 47, 141.

Sampietro G. — Contre l'infection par les Algues dans les rizières. *Il Giorn. di Risicoltura*, 1927, 17, 66, d'après *Rev. Intern. Rens. Agric.* (Roma), 1927, n° ser. 18, 332 T.

Sauvageau C. — Réflexions sur les analyses chimiques d'Algues marines. *Rev. gen. Sc.*, 1918.

Sauvageau C. — Sur la culture d'une Algue phéosporée épiphyte, Strepsithalia Liagorae Sauv. *C. R. Sc. Paris*, 1025, 180, 1464.

Schiller J. — Die Planktonvegetation des Adriatischen Meeres. A. Die Coccolithophoriden, etc. *Arch. f. Protist.*, 1925, 51, 50. — Ueber Fortpflanzung der Coccolithophoraceen. *Ibidem*, 1925, 53, 326, d'après Conrad W. *Ibidem*, 1926, 56, 201.

Schlœsing A. Th. et Leroux D. — Influence de la dessication et de l'échauffement des sols agricoles sur leur teneur en acide phosphorique soluble à l'eau. *C. R. Ac. Sc. Paris*, 1927, 184, 649.

Schœnfeldt H. — Bacillariaceae dans *Süsswasserfl. Deutschlands, etc.*, 1912/1913, vol. 6.

Schœnfeldt H. — Bacillariaceae dans *Susswasserfl. Deutschlands, etc.*, II. 10, 1913.

Schouleden Wery J. — Quelques recherches sur les facteurs qui règlent la distribution géographique dans le Veurne Ambacht. *Rec. Inst. botan. Leo Errera*, 1910, VIII, 101.

Schramm J. R. (1914 a). — Some pure culture methods in the Algae. *Ann. Missouri Bot. Gard.*, 1914, I, 23.

Schramm J. R. (1914 b). — A contribution to our knowledge of the relation of certain species of green Algae to elementary nitrogen. *Ibidem*, 1914, I, 157.

Schreiber E. — Zur Kenntnis der Physiologie und Sexualität höheren Volvocales. *Ztschr. f. Bot.*, 1925, 17, 337.

Schüler J. — Ueber die Ernährungsbedingungen einiger Flagellaten des Meerwassers. *Wissensch. Meeresunters. Abt. Kiel N. F.*, 1910, 11, 347, d'après *Ztschr. f. Bot.*, 1910, 2, 607.

Swartz F. — Der Einfluss der Schwerkraft auf die Bewegungsrichtung von Chlamydomonas und Euglena. *Ber. d. D. bot Ges.*, 1884, II, 51.

Senn G. — Ueber einige Koloniebildende einzellige Algen. *Bot. Ztg.*, 1899, 57, 39.

Servettaz C. — Sur les cultures des Mousses en milieux stérilisés. *C. R. Ac. Sc. Paris*, 1912, 155, 1160.

Servettaz C. — Recherches expérimentales sur le développement et la nutrition des mousses en milieux stérilisés. *Ann. Sc. natur. Botan.*, 1913, sér. 9, 17, 111.

Sikrakowsky St. — Ueber Veränderungen der H-Ionen Konzentration in den Bakterienkulturen und ihre Entstehungsmechanismus *Bioch. Ztschr.*, 1924, 151, 15, d'après *C Bl. f. Bakt. II*, 1926, 66, 371.

Smith G. M. — The organization of the colony in certain four-celled Algae. *Trans. Wisc. Ac. of Sc. A. et L.*, 1914, 17, 1165.

Smith G. M. — A monograph of the algal genus Scenedesmus based upon pure culture studies. *Ibidem*, 1916, 18, 422.

Smith G. M. — The plankton Algae of the Palissades Interstate Park *Roosévelt Wild Life Bull.*, 1924, 2, 95.

* **Soudan H.** — The composition and distribution of the Protozoa of the soil, Londres, 1927, signalé *Bull. Inst. Pasteur*, 1927, 25, 777.

Souleyre. — Méthode rapide de préparation de silico-gel pour cultures bactériologiques. *C. R. Soc. Biol.*, 1925, XCIII, 306.

Spargo M. V. — The genus Chlamydomonas. *Wash. Univ. Stud.*, 1913, I.

Spek J. — Der Einfluss der Salze auf die Plasmakolloide von Actinosphaerium Eichhorni. *Acta Zoologica*, 1921, d'après *Arch. f. Protist.*, 1922, 44, 283.

Stobinska M. — Recherches expérimentales sur la physiologie des gonidies du Verrucaria nigrescens. *Trav. Inst. Botan. Genève*, 1911 (l'indication de date est incertaine).

Steinecke Fr. — Limonitbildende Algen der Neide-Flachmoore. *Botan. Archiv.*, 1923, IV, 403.

Stern Curt. — Untersuchungen ueber Acanthocystiden. *Arch. f. Protist.*, 1924, 48, 436.

Steuer A. — Planktonkunde, 1910.

Stiles H. R., Peterson W. H. and Fred E. B. — A rapid method for the determination of sugar in bacterial cultures. *J. of Bacteriology*, 1926, XII, 427.

Stone G. C. — Influence of Electricity on Microorganisms. *The botan. Gazette*, 1909. XLVIII, 359.

Strasburger E. — Das botanische Praktikum. Edit. 1902.

Strasburger, Noll, Schenck, Schimper. — Lehrbuch der Botanik, Ed. 1900.

Sakeuchi T. — On the behaviour of Algae to the salts of certain concentration. *Bull. Coll. Agric. Tokyo Imp. Univ.*, 1908, 7, 623.

Tamm O. — Mouvements de l'eau souterraine et processus de formation des marais dans la Suède mérid.onale. Stockholm, 1925, signalé dans *Rev. Intern. Rens. Agric.*, 1926, n° sc. IV, 366.

Tanner H. (1923 a). — La protéolyse par les Algues. *Bull. Soc. bot. Genève*, 1923, 15, 115.

Tanner H. (1923 b) . — Le polymorphisme du Tetraedron minimum *Ibidem*, 1923, 15, 132.

Tempère J. — Technique des Diatomées. *Le Diatomiste*, 1893-1896.

Teodoresco E. C. (1912 a). — Assimilation de l'azote et du phosphore nucléaire par les Algues inférieures. *C. R. Ac. Sc. Paris.* 1912, 155, 300.

Teodoresco E. C. (1912 b). — Sur la présence d'une nucléase chez les Algues. *Ibidem*, 1912, 155, 464.

Ternetz Ch. — Beitrag zur Morphologie und Physiologie der Euglena gracilis. *Jahrb. f. Wissens. Bot.* 1912, 51, 435.

Thornton H. G. — Préparation d'un milieu gélosé standardisé pour la numération des bactéries du sol. *Ann. of app, Biology*, 1922, 9, 241, d'après *Rev. Intern. Rens. Agric.* Rome, 1925, n° sér. III, 467.

Tischutkin N. — Ueber agar-agar Kulturen einiger Algen und Amœben. *CBt. f. Bakt. II*, 1897, III, 183.

Topali C. — Recherches de physiologie sur les Algues. *Bull. Soc. bot. Genève*, 1923, 15, 58.

Trabut L. — Emploi du plâtre dans les terrains salés. *Bull. agric. Algérie, Tunisie, Maroc*, 1927, 3° sér. 33, 1, d'après *Rev. Intern. Rens. Agric.* Rome, 1927, 18° année, 261 T.

Treboux O. — Organische Säuren als Kohlenstoffquelle bei Algen *Ber. d. D. bot. Ges.*, 1905, 23, 432 et (1913 ?) vol. 30, p. 69.

Ubisch G. — Sterile Mooskulturen. *Ibidem*, 1913, 31, 543.

Uhlir V. — Ueber Isolation der Algen aus den Collemaceen. *Ziva,* 1914, d'après *Botan. Centralbl.* 1915, 128, 498 et 1915, 129, 379.

Ulehla V. — Ueber CO² und pH Regulation des Wassers durch einige Süsswasseralgen. *Ber. d. D. bot. Ges.* 1923, 41, 23 d'après *Arch. f. Protist.*, 1924, 48, 521.

Uspensky E. E. et Uspenkaja W. J. — Reinkultur und ungeschlechtliche Fortpflanzung von Volvox minor und Volvox globator in einer synthetischen Nährlösung. *Ztsch. f. Bot.* 1925, 17, 273.

Uspensky E. E. — Eisen als Faktor für die Verbreitung niederer Wasserpflanzen, in *Kollkwitz Planzenf.* H. 9, 1927, signalé par *CBt f. Bakt. II,* 1928, 73, 522.

Van Heurck H. — C. Haughton Gill, notice biographique. *Le Diatomiste*, 1893-1896, p. 125.

Vines S. H. — An elementary text book of Botany. Londres, 1898.

Vischer W. — Etudes d'Algologie expérimentale. Formation des stades unicellulaires, cénobiaux et pluricellulaires chez les genres Chlamydomonas, Scenedesmus, Cœlastrum, Stichoococcus et Pseudendoclonium. *Bull. Soc. bot. Genève*, 1926, sér. 2, 18, 24.

Vischer W. — Zur Biologie von Coelastrum proboscideum. *Verh. Naturforsch. Ges. Basel.*, 1927, 38, 386.

* **Vischer W.** — Sur le polymorphisme de l'Ankistrodesmus Braunii. *Rev. d'hydrologie*, 1920, I, 1.

Von Wettstein F. — Zur Bedeutung und Technik der Reinkultur für Systematik und Floristik der Algen. *Oester. Bot. Zeitsch.*, 1921, 70, 23.

Wager H. — On the effect of gravity upon the movements and aggregation of Euglena viridis Ehr. and other organisms. *Phil. trans. R. Soc.* London, 1911, sér. B, vol. 201, p. 333.

Wann F. B. — The fixation of free nitrogen by green plants. *Amer. J. Bot.*, 1921, 8, 1.

Ward H. Marshall. — Some methods for use in the culture of Algae *Ann. Bot.*, 1899, 13, 563.

Waskman S. A. et Carey C. — The use of silicagel plate for demonstrating the occurence and abundance of cellulose decomposing Bacteria. *J. of Bacteriology*, 1926, 12, 87.

Wehrle E. — Studien ueber Wasserstoffionenkonzentrations Verhältnisse und Besiedelung an Algenstandorten in der Umgebung von Freiburg im Breisgau. *Zeitsch. f. Bot.*, 1927, 19, 209, résumé dans *CBl. f. Bakt.* II, 1927, 70, 451.

Werner R. G. — Symbiose obligatoire ou vie indépendante des champignons des Lichens. *C. R. Ac. Sc. Paris*, 1927, 184, 837.

West G. S. — A Trellise on the British freshwater Algae. Cambridge, 1904.

Wildiers E. — Nouvelle substance indispensable au développement de la Levure. *La Cellule*, 1901, 18, 313.

Winogradsky S. (1926 a). — Etude sur la microbiologie du sol. 2ᵉ Mémoire sur les microbes fixateurs d'azote. *Ann. Inst. Pasteur*, 1926, 40, 455.

Winogradsky S. (1926 b). — Sur la décomposition de la cellulose dans le sol. *C. R. Ac. Sc.* Paris, 1926, 183, 691.

Winogradsky S. — Recherches sur la dégradation de la cellulose dans le sol. *Ibidem*, 1927, 184, 493.

Wolff E. (1927 a). — Le comportement et le rôle de la vacuole contractile d'une amibe d'eau douce. *Ibidem*, 1927, 185, 678.

Wolff E. (1927 b). — Un facteur de l'enkystement des amibes d'eau douce. Prolongation expérimentale de la vie végétative. *C. R. Soc. Biol.*, 1927, XCVI, 636.

Wolff E. (1927 c). — Le déterminisme du dékystement des amibes d'eau douce: rôle des variations de la pression osmotique. *Ibidem*, 1927, XCVI, 989.

Yasuda A. — Studien ueber die Anpassungsfähigkeit einiger Infusorien an concentrirte Lösungen. *J. Coll. Sc. Imp. Univ. Tokyo*, 1900, 13, 101.

Zumstein H. — Zur Morphologie und Physiologie der Euglena gracilis Klebs. *Jahrb. f. Wiss. Bot.*, 1899, 34, 149.

Extrait de la *Revue Algologique*, Année 1928.

IMPRIMERIE LOUIS JEAN, GAP
PÉRIODIQUES-PUBLICATIONS

IMPRIMERIE LOUIS JEAN